AF551073

Mit Modern Leading zur erfolgreichen Führungskraft werden

Wie Sie Ihre Leadership-Skills auf das nächste Level heben, überzeugender auftreten und Ihre Mitarbeiter noch besser motivieren & delegieren

INHALT

Einleitung ... 1

Führungskräfte im 21. Jahrhundert ... 3

Grundvoraussetzungen einer Führungskraft ... 3

(Selbst-) Disziplin als Schlüssel zum Erfolg ... 3

Durchhalten, auch wenn es schwierig wird ... 5

Organisation und Planungsvermögen ... 6

Strategie- und Analyse-Skills ... 7

Durchsetzungsvermögen und Konsequenz ... 7

Entscheidungsfreudigkeit ... 9

Gekonnte Aufgabenverteilung ... 10

Fachkompetenzen ... 11

Überholte Führungsstrategien und -techniken ... 11

Leistungsgespräche mit Mitarbeitenden ... 12

Unberechenbarkeit oder Berechenbarkeit? ... 15

Die Great-Man-Theory ... 16

Moderne Skills ... 17

Stets mit gutem Beispiel voran ... 17

Mit Vertrauen leiten ... 18

Transparenz und Authentizität ... 20

Empathie und soziale Erfahrungen ... 24

Zuhören anstatt Anhören ... 40

Kritikfähigkeit, offener Umgang mit Feedback und ehrliche Kommunikation ... 46

Mit Charme zum Erfolg ... 48

Digitale Welten ... 53

Modern Leading – mit modernen Methoden zum Erfolg ... 56

Neue Grundsätze – dafür steht modern Leading ... 56
Moderne Führungsstile – wo sehen Sie sich? ... 58
Was kennzeichnet einen Führungsstil? ... 58
Die verschiedenen Führungsstile – womit können Sie sich identifizieren? ... 59
Fazit zu den Führungsstilen – was ist „gut“ und „modern“? ... 62
Direkte und indirekte Führungsmittel ... 62
Exkurs: Ein Unternehmen wie eine Familie leiten ... 64
Gemeinsamkeiten von Unternehmen und Familien ... 65
Balance finden ... 66
Gemeinsame Werte finden – was wirklich zählt ... 72
Praktische Übungen ... 81
In die Praxis umgesetzt – Modern Leading Methods ... 83
Motivationspsychologie – Grundlagen und Techniken ... 84
Mitdenken aktiv fördern ... 93
Mitarbeiter- und Feedbackgespräche – aber richtig ... 95
Teamarbeit oder individuelle Stärken nutzen? ... 97
Zielvereinbarungen ... 100
Krisenmanagement ... 102
Konfliktlösungsmanagement ... 105
Exkurs: Manipulation in Führungspositionen? ... 107
Auf den Punkt gebracht – die wichtigsten Tipps für Modern Leading ... 112
1. Kennen Sie die wichtigen Grundvoraussetzungen ... 112
2. Seien Sie offen für neue Skills und Methoden ... 113
3. Lernen Sie die Balance zwischen altbewährten und modernen Techniken ... 113
4. Seien Sie ein Vorbild! ... 114
5. Kennen Sie Ihre Branche und Ihr Team ... 114

Bonuskapitel: Selbsttest 116
Können Sie andere motivieren? 116
Wie sieht es bei schwierigen Entscheidungen aus? 116
Welche Einstellung haben Sie zu Risiko? 117
Können Sie Aufgaben delegieren? 117
Können Sie Ziele für andere erreichen und durchsetzen? 117
Wie steht es um Ihre Kommunikationsfähigkeit? 118
Wie verhalten Sie sich bei Rückschlägen? 118
Können Sie auch hart arbeiten und sind Sie bereit dazu? 118
Können Sie Verantwortung übernehmen? 119
Wie gut können Sie Probleme lösen? 119
Sind Sie kritikfähig? 119
Wie gehen Sie mit Stress um? 119
Wie gut können Sie sich in andere hineinversetzen? 120
Die Auflösung: 120
Schluss 121
Wörterlexikon 122
Quellenverzeichnis 123

Einleitung

Wenn Sie ein Unternehmen leiten oder leiten möchten, haben Sie wahrscheinlich schon eine grobe Vorstellung davon, dass damit einiges an Arbeit einhergehen kann. Von Führungskräften werden immer eine Vielzahl an Fähigkeiten und Fertigkeiten verlangt. Dabei zeigte sich in den letzten Jahrzehnten an einigen Stellen ein deutlicher Wandel. Viele Eigenschaften, die früher bei Führungskräften sinnvoll erschienen, sind heute weniger relevant, wohingegen die moderne Gesellschaft wiederum mittlerweile auch neue Aufgabenbereiche und Qualitäten kennt, an die zu früheren Zeiten noch niemand gedacht hat.

Modern Leading bezeichnet das moderne Führen eines Teams unter Beachtung moderner Merkmale, Erwartungen und Herausforderungen. In diesem Buch soll Ihnen daher nahe gelegt werden, wie diese Herausforderungen und die veränderten Gegebenheiten moderner Zeiten aussehen.

Digitale Welten und neue Technologien sowie die steigende Relevanz internationaler Verbindungen verlangen neue Skills und Herangehensweisen. Moderne wissenschaftliche Erkenntnisse und neue psychologische Studien zeigen die Wirkung bestimmter Eigenschaften und Führungsstile weitaus detaillierter und eindeutiger als noch vor einigen Jahren und verändern somit das Musterbild einer Führungskraft. All diese Unterschiede und Neuerungen werden im ersten Teil des Buches eingehend erklärt.

Gleichzeitig soll natürlich nicht außen vor gelassen werden, welche zeitlosen Qualitäten auch heute noch von Führungskräften verlangt werden können und sollen. Werfen Sie auch einen Blick auf die verschiedenen Führungsstile und lernen Sie die Vor- und Nachteile kennen. Dieser

Abschnitt wird Ihnen helfen, einen besseren Blick auf Ihren eigenen bisherigen Führungsstil zu erhalten und zu überprüfen, ob Sie bereits in die Richtung gehen, in der Sie sich selbst wohlfühlen.

Modern Leading bedeutet, mit der Zeit zu gehen. Es ist wichtig, altbewährte Konzepte beizubehalten, doch nur, solange sie sinnvoll und brauchbar sind. Wer unabhängig des Zeitwandels erfolgreich sein möchte, geht mit der Zeit und passt sich den neueren Notwendigkeiten entsprechend an. So ebnen Sie auch den Weg für zukünftige Führungskräfte. Damit Ihnen alles nicht nur abstrakt erscheint, erwartet Sie im zweiten Teil des Buches ein Praxisteil, der noch detaillierter auf Übungen und Anwendungsbereiche moderner Führungsstrategien und -techniken eingeht. So können Sie direkt loslegen! Auch wenn Sie bereits viele Qualitäten mit in die Wiege gelegt bekommen haben, ist es ein stetiger Prozess, eine gute Führungskraft zu werden und zu bleiben. Die Übungen werden Ihnen dabei helfen, sich stets daran zu erinnern, zu sehen, wo noch Verbesserungspotenzial herrscht und regelmäßig weiter zu lernen.

Am Ende des Buches finden Sie außerdem eine kurze Zusammenfassung der wichtigsten Erkenntnisse und ein Wörterlexikon, in dem Sie die wichtigsten Fachbegriffe nochmals nachlesen können. Machen Sie sich also keine Sorgen, wenn Sie das Gefühl haben, sich nicht sofort jedes Detail merken zu können. Modern Leading wird nicht von heute auf morgen eine ganz neue Leitung aus Ihnen machen. Es ist vielmehr ein Prozess, der Sie eine Weile begleiten wird. In diesem Sinne: Viel Vergnügen und Erfolg mit diesem Buch!

Führungskräfte im 21. Jahrhundert

Ein Team zu führen ist keine leichte Aufgabe. Sie beinhaltet viel Verantwortung, ist zeitintensiv und verlangt von der Person, die diese Position innehat, diverse Grundvoraussetzungen. Das Bild, das die meisten Menschen von einer guten und erfolgreichen Führungsposition haben, hat sich im Laufe der Zeit allerdings an einigen Stellen verändert. In den nächsten Abschnitten sollen Ihnen daher zunächst die grundlegenden Dinge über das Führen eines Teams nahegebracht werden. Welche Grundvoraussetzungen sind notwendig, welche Bilder sind veraltet und welche modernen Skills sind wiederum näher in den Fokus gerückt? Lernen Sie, worauf es wirklich ankommt!

GRUNDVORAUSSETZUNGEN EINER FÜHRUNGSKRAFT

Von einer guten Führungskraft werden allerlei Voraussetzungen erwartet. Die im Folgenden aufgelisteten Grundvoraussetzungen gelten damals wie heute. Sie sind sozusagen die Basis, die erfüllt sein muss, bevor neuere Methoden aufgenommen werden können und ins Detail auf den jeweiligen Führungsstil geblickt werden kann. So sehr sich manche Führungsstile und die Ansprüche der modernen von der früheren Gesellschaft auch unterscheiden, wichtige Grundvoraussetzungen muss jede Führungskraft erfüllen, um erfolgreich zu werden und zu bleiben.

(Selbst-) Disziplin als Schlüssel zum Erfolg

Ohne Disziplin wird der Karriereweg kaum vorankommen. Gerade wer sich noch weit am Anfang der Führungskarriere befindet, braucht ausreichend Disziplin, um sich einen Namen und einen feststehenden Rang zu erarbeiten. Aber auch danach entstehen große Fortschritte nur mit diszipliniertem Arbeitsverhalten.

Führungskräfte erwarten dieses Arbeiten natürlich auch von ihren Mitarbeitern. Sie können schließlich keine Erfolge erwarten, wenn sich das Team ständig ablenken lässt, ungenau arbeitet und unbequeme Aufgaben gerne verschiebt. Doch als Führungskraft müssen Sie stets mit gutem Beispiel vorangehen. Eine erfolgreiche Führungskraft muss also vor allem eine Menge Selbstdisziplin mitbringen, um dem restlichen Team zu zeigen, wie produktives und ehrgeiziges Arbeiten geht. Gehen Sie als Chef mit schlechtem Vorbild voran, können Sie von den anderen Mitarbeitern kaum mehr erwarten. Sofern Sie mit gutem Beispiel vorangehen, dürfen und müssen Sie Ihre Mitarbeiter natürlich auch zum disziplinierten Arbeiten anhalten. Denn nur so können Sie als Team gemeinsam besser werden und Ihre Ziele erreichen. Daher gehört Disziplin bzw. Selbstdisziplin zu den wichtigsten Qualitäten einer Führungskraft.

Haben Sie das Gefühl, dass Sie an Ihrer Disziplin noch arbeiten könnten? Wie diszipliniert sind Sie im Alltag, abgesehen von Ihrer Arbeitsleistung? Eines der besten Beispiele aus dem Alltag ist Sport: Haben Sie sich schon mal vorgenommen, aktiver zu sein oder abzunehmen? Und wie diszipliniert sind Sie tatsächlich an dieses Vorhaben herangegangen? Das ist nicht nur ein guter Indikator für Ihr Maß an Disziplin, sondern zeigt Ihnen auch, welche Strategien für Sie bereits an anderen Stellen funktioniert oder eben nicht funktioniert haben.

Außerdem kann ein privates Ziel dafür sorgen, Disziplin im Allgemeinen zu trainieren, und sich damit auch positiv auf die Arbeitsweise auswirken. Ein Beispiel: Sie wollen gerne aktiver werden? Setzen Sie sich ein klar definiertes Ziel (beispielsweise: „Ich möchte pro Woche 7 Kilometer laufen") und fangen Sie an, daran zu arbeiten. Beginnen Sie mit ein bis zwei kurzen Joggingrunden pro Woche – fangen Sie nicht mit einem zu großen Sprung an und tasten Sie sich mit realistischen Schritten an das Ziel heran. Das ist gesünder und sorgt für einen besseren Langzeiterfolg Ihres Disziplintrainings, denn Disziplin ist etwas, das sich über lange Perioden auswirkt und hält. Mit dieser privaten Übung können Sie leicht feststellen, was für Sie besser funktioniert: Auspowern vor oder nach der Arbeit? Welche Motivation bringt Sie dazu, loszulegen (beispielsweise gute Musik während des Laufens, ein gutes Frühstück nach dem Training, das Gefühl, dass sich die Figur verändert, etc.)? Manche Menschen reagieren gut auf kleine Belohnungen, andere motivieren sich mehr durch Gesellschaft (dann suchen Sie sich einen Laufpartner!) und wieder andere freuen sich darauf, dass die geliebten Jeanshosen wieder besser sitzen.

Was immer es ist – eine direkte Belohnung, ein Langzeitziel, eine kleine Freude während der Sache selber –, finden Sie es heraus und überlegen Sie, wie Sie diese Motivation auch auf Ihre Arbeitsdisziplin übertragen können. Disziplintraining ist unglaublich wertvoll und kann Sie in Ihrer Leitungsposition nur voranbringen!

Durchhalten, auch wenn es schwierig wird

Eine erfolgreiche Führungskraft muss auch damit umgehen können, schwierige Zeiten zu durchstehen. Wenn Sie es als Anführer nicht können, wie können Sie es sonst von Ihren Mitarbeitern verlangen? Auch gilt es, mit gutem Beispiel voranzugehen.

Durchhaltevermögen ist in jeder Branche gefragt, denn schwierige Zeiten können immer auftauchen: Ein Plan funktioniert nicht, das Kundenfeedback ist schlechter als erwartet, die wirtschaftlichen Gegebenheiten ändern sich, die Konkurrenz tritt früher auf die Bildfläche – es kann viele Gründe haben, warum eine Phase plötzlich sehr viel mehr Arbeit und Motivation verlangt.

Eine Führungskraft muss dafür sorgen können, dass trotz der Schwierigkeiten der Ehrgeiz des Teams nicht verloren geht. Wichtiger noch: Sollten die Mitarbeiter doch weniger Motivation zeigen, muss die Führungskraft auch das durchstehen können, ohne sich davon runterziehen zu lassen. Sie brauchen als Chef also ein besonders hohes Maß an Durchhaltevermögen. Ansonsten können Sie Ihr Vorhaben schneller begraben, als Ihnen lieb ist.

Organisation und Planungsvermögen

Kein Unternehmen und kein Vorhaben kann ohne einen guten Plan und eine gut durchdachte Organisation funktionieren. Auch hier muss eine Führungskraft mit gutem Beispiel vorangehen und die ersten Schritte alleine gehen. Sie als Leitung müssen die nächsten Schritte planen, Ziele setzen, Aufgaben verteilen, Meetings organisieren und alles, was sonst noch eine gute Arbeitsweise unterstützen kann. Je besser Sie als Führungskraft organisiert sind, desto besser können Sie auch die Gesamtarbeit organisieren. Das bedeutet: Schauen Sie sich Ihren eigenen Arbeitsplatz an und fangen Sie dort an. Wissen Sie, wie Ihre To-do-Liste heute aussieht? Haben Sie einen Kalender für alle wichtigen Termine parat und sieht Ihr Tagesplan gut strukturiert aus? Wenn nicht, sollten Sie dort anfangen. Ist dieser Schritt erledigt, werden Sie vor allem auch Ihrer Vorbildfunktion wieder gerecht. Und je besser Ihre eigene Arbeit organisiert ist, desto leichter wird es Ihnen fallen, die restliche Arbeit zu organisieren. Termine werden schneller eingebaut, weil Sie sofort eine Übersicht über alle anderen Termine parat haben. Sie wissen, wann Sie Zeit für Gespräche haben und haben bereits Strukturen aufgebaut, die für Sie funktionieren und dabei helfen, die Strukturen für das Unternehmen und das gesamte Team auszubauen.

Strategie- und Analyse-Skills

Als Führungskraft müssen Sie den Überblick behalten können. Sie sind hauptverantwortlich für die Strategie Ihres Unterfangens und die entscheidenden Schritte bei eventuellen Veränderungen. Daher ist es Ihre Aufgabe, Strategien zu entwickeln und Situationen genauestens zu analysieren.

Führungskräfte müssen eine hohe Problemlösungsfähigkeit zeigen. In der Regel mussten Sie das bereits auf Ihrem Weg zur Führungsposition hin. In der neuen Position als Leitung jedoch bleibt diese Fähigkeit von gleicher Wichtigkeit, obgleich es nun um andere Probleme geht. Kleinere Arbeitsschwierigkeiten können Sie als Leitung besser an die Mitarbeitenden delegieren. Komplexere Probleme wieder, die beispielsweise struktureller Natur sind, liegen jetzt eher in Ihrem Aufgabenbereich.

Sie müssen eine ausgezeichnete Analysefähigkeit beweisen, um die Schwierigkeiten und Fehler zu erkennen, aber auch, um zu sehen, welche neuen Ideen gut funktionieren, welche Verbesserungen trotz einer guten Gesamtleistung noch hilfreich sein könnten und eventuell auch, welche Probleme sich zukünftig stellen könnten, wenn Sie nicht vorbeugend handeln. All dies muss außerdem entsprechend strukturiert und organisiert werden können, damit im nächsten Schritt kluge Strategien zur Umsetzung entwickelt werden können. Strategisches Denken ist ein absolutes Muss auf dem Weg zur erfolgreichen Führungskraft. Ein Mindestmaß an analytischem Denken ist notwendige Voraussetzung, vieles dieser Arbeit ist jedoch auch erlernbar.

Durchsetzungsvermögen und Konsequenz

Als Führungskraft müssen Sie sich durchsetzen können – da führt auch bei einem lockeren und modernen Führungsstil kein Weg dran vorbei.

Eine Führungskraft muss letztlich dazu in der Lage sein, Entscheidungen zu treffen und Diskussionen zu beenden. Das heißt natürlich nicht, dass Sie jede Diskussion im Kern ersticken müssen. Doch wird es in Ihrer Laufbahn zu Momenten kommen, in denen Sie erkennen werden, dass Sie nicht vorankommen, wenn Sie permanent nach einer Lösung suchen, die für alle zufriedenstellend ist. Letztlich werden Sie als Leitung die Verantwortung für die Konsequenzen Ihrer Entscheidung tragen müssen. Also müssen Sie auch nach Ihrem besten Wissen und Gewissen handeln können. Das wiederum bedeutet, dass Sie sich im Zweifel auch durchsetzen müssen.

Dazu kommt, dass es viele Situationen geben wird, in denen Sie sich gegen Mitbewerber, Konkurrenten und Gegenspieler durchsetzen werden müssen. Sie müssen dazu in der Lage sein, zu Ihrem Unternehmen zu stehen, Ihre Meinung zu repräsentieren und sich im Zweifelsfall nicht unterkriegen zu lassen (natürlich nicht stur gegen jede Kritik stellen). Dazu gehört auch ein Maß an Konsequenz. Sie wissen, Ihre Idee ist gut, und Sie haben hart daran gearbeitet? Stehen Sie konsequent dazu und lassen Sie sich von Anfeindungen nicht so leicht unterkriegen. Bleiben Sie konsequent in Ihren Entscheidungen (sofern Sie sinnvoll waren – hören Sie nicht auf, Fehler zu verbessern). Das gilt für den Außen- wie auch für den Innenbereich Ihres Unternehmens.

Ihre Mitarbeiter wollen sehen, dass Sie sich konsequent zeigen können, wenn es notwendig wird. Eine Leitung, die nach Lust und Laune ihre Entscheidungen verändert, ist wenig hilfreich. Doch wenn Sie mit Ihrer Linie konsequent bleiben, solange Sie sich bewährt und sich nicht von sinnlosen Ablenkungen, Anfeindungen oder Stimmungsschwankungen beirren lassen, dann bringt Ihnen das wesentlich mehr Respekt ein.

Ihr Team wird Ihre Entscheidungen seltener hinterfragen und Sie werden sehr wahrscheinlich auch als fairer wahrgenommen (immerhin folgen Sie einer klaren Linie und handeln nicht so, wie es Ihnen nach

Tagesstimmung beliebt). Durchsetzungsfähigkeit und Konsequenz sind also heute wie damals gefragte Führungsqualitäten.

Wichtig ist an dieser Stelle noch, dass Sie den Unterschied zwischen Durchsetzungsvermögen und Rücksichtslosigkeit erkennen. Eine Leitung, die rücksichtslos und damit aggressiv reagiert, macht sich nicht nur schnell unbeliebt, sondern erreicht auch selten das Ziel, das sie sich vorgenommen hat. Eine gute Führungskraft hingegen weiß, wie sie ihre Wünsche und Ideen klar und deutlich, selbstsicher und bestimmt, aber auch freundlich und respektvoll kommuniziert. Es kann viele Situationen geben, in denen der Grat zwischen freundlicher Bestimmtheit und Rücksichtslosigkeit sehr schmal ist. Diesen schmalen Grat zu schaffen ist die Kunst, die eine gute Führungskraft ausmacht. Wenn Ihnen das gelingt, werden Ihre Mitarbeiter sich auch in Situationen, in denen Sie sich gegen Ihre Wünsche durchsetzen müssen, nicht respektlos und mit Geringschätzigkeit behandelt fühlen und es wird ihnen leichter fallen, Ihnen entsprechend ebenfalls Respekt entgegenzubringen und sich Ihren Wünschen unterzuordnen.

Entscheidungsfreudigkeit

Führungskräfte müssen Entscheidungen treffen können. Sie sind schließlich regelmäßig die Person, die das letzte Wort hat und die Verantwortung für die Konsequenzen der Entscheidung tragen muss. Daher sollten Sie dazu in der Lage sein, Entscheidungen gezielt, durchdacht und mit einem Mindestmaß an Sicherheit und Selbstbewusstsein zu treffen. Zeigen Sie sich nicht entscheidungsfreudig, bringt das regelmäßig zahlreiche Nachteile mit sich. Es ist gut möglich, dass sich diese Unsicherheit negativ auf die Arbeitsweise der restlichen Teammitglieder auswirkt, dass sie sich ebenfalls verunsichert zeigen oder schlichtweg die Arbeitsmotivation fehlt, weil sie nicht richtig wissen, wie es weitergehen wird. Gleichzeitig lassen Sie sich auch schneller in Unsicherheit bringen und zu Dingen überreden, die Sie gar nicht wollen, wenn Sie keine eigenständigen und selbstbewussten Entscheidungen treffen können. Und zu guter Letzt kostet Sie das ständige hin und her Überlegen nur unnötig viel Zeit und Kraft, die Sie besser in andere Arbeitsschritte investieren können.

Jedes Team braucht eine Leitung, die selbstbewusst Entscheidungen übernimmt. Wenn Sie den Mitarbeitenden das nicht vorleben, wird das Unternehmen nicht funktionieren. Zeigen Sie sich jedoch entscheidungsfreudig und sind bereit, Verantwortung für Ihre Entscheidungen zu übernehmen, dann wird sich das positiv auf Ihre eigene Produktivität und auch auf die Gesamtarbeit des Unternehmens auswirken.

Gekonnte Aufgabenverteilung

Als Leitung wird es Ihre Aufgabe sein, andere Aufgaben zu verteilen. Sie können nicht alles selber erledigen und müssen dazu in der Lage sein, Aufgaben sinnvoll zu delegieren. Das bedeutet, dass Sie auch erkennen müssen, welche Aufgaben Sie am besten selber erledigen und welche Aufgaben am besten delegiert werden.

Im Idealfall kennen Sie auch Ihr Team, deren Aufgabenbereiche und Fähigkeiten so gut, dass Sie neue Aufgaben an die Person delegieren, die sich dafür am besten eignet. Dazu ist auch eine klare Unternehmensstruktur notwendig. Wenn Sie das meistern, haben Sie schon viel gewonnen. Fällt eine Aufgabe in zwei Verantwortungsbereiche, müssen Sie unter Umständen entscheiden können, wer sich besser eignet oder wer gerade mehr Zeit dafür hat.

Natürlich kann es auch sein, dass ein Mitarbeiter zu Ihnen kommt und Ihnen erklärt, dass er gerade wenig Kapazitäten für neue Aufgaben hat, doch es spricht immer für Sie, wenn Sie solche Dinge bereits vor der Aufgabenverteilung beachten. Der Schlüssel zur gekonnten Aufgabenverteilung heißt also: Kennen Sie Ihr Team und Ihre Unternehmensstruktur.

Fachkompetenzen
Es sollte eigentlich selbstverständlich sein: Als Führungskraft müssen Sie natürlich ein gewisses Maß an Fachkompetenzen in Ihrem Bereich erlernt haben. Sie müssen Ihre Branche kennen und verstehen und die entsprechenden Arbeitsweisen und Fähigkeiten erlernt haben, die in Ihrer Arbeit notwendig sind. Natürlich müssen Sie keine Details jedes einzelnen Aufgabenbereiches beherrschen – sonst bräuchten Sie ja kein ausgebildetes Team mehr um sich herum. Aber Sie müssen die Basis, die Grundstrukturen kennen und alles, was für Sie als Führungskraft wichtig ist. Ansonsten können Sie kein Team leiten. Regelmäßige Weiterbildung ist daher stets vom Vorteil. Nutzen Sie jede Gelegenheit, Ihr Fachwissen und Ihre Kernkompetenzen zu erweitern!

ÜBERHOLTE FÜHRUNGSSTRATEGIEN UND -TECHNIKEN

Während von einer Führungskraft zu früheren Zeiten häufig knallhartes Durchsetzen und kompromissloses Agieren erwartet wurde (obgleich das Verhalten bei den Mitarbeitern beliebt war oder nicht), gehören solche Anschauungen heutzutage zu den veralteten Ansichten. Eine Führungskraft soll heute vielmehr und auch ganz andere Dinge beherrschen als damals.

Einiges davon geht mit neuen wissenschaftlichen Erkenntnissen einher, z. B. der Bedeutsamkeit von emotionaler Intelligenz, weil sich die gesellschaftlichen Perspektiven geändert haben (Führungskräfte, die die Arbeit mit Humor gestalten, sind mittlerweile viel beliebter als solche, die stets ernst und unnahbar auftreten). Um Modern Leading zu verinnerlichen, muss also verstanden werden, was zu einem modernen Führungsstil nicht mehr gehört. Drei bedeutende Konzepte stechen darunter besonders hervor und sollen in den folgenden Abschnitten näher beleuchtet werden.

Leistungsgespräche mit Mitarbeitenden

Eine sehr überholte Strategie ist ständiges Leistungsbeurteilen der Mitarbeitenden. Führungskräften wurde früher häufig erzählt, dass leistungsbeurteilende Mitarbeitergespräche zielführend und optimierend sind. Bewährt hat sich diese Strategie jedoch nicht. Vielmehr ist heute klar, dass solche Beurteilungen demotivierend und stresserhöhend wirken. Auch heute noch nehmen solche Gespräche in einigen Unternehmen zu.

Das ERA-Modell gibt beispielsweise in vielen Unternehmen vor, wie Mitarbeitergespräche zu führen sind, und beinhaltet die vier Punkte „Anwendung der Kenntnisse und Fertigkeiten“, „Arbeitseinsatz“, „Beweglichkeit“ und „Zusammenarbeit bzw. Führungsverhalten“. Die Merkmale werden noch ein wenig näher erläutert und anschließend mit Notenpunkten von 0 = „genügt den Leistungsanforderungen nicht immer“ bis 8 = „übertrifft die Leistungsanforderungen im besonderen Umfang“ bewertet. Erinnert Sie das nicht auch an Schulnoten? Solche oder andere Prinzipien wurden erfunden, um Gespräche zu vereinfachen und teilweise sogar Gehaltserhöhungen an klare Punkte zu knüpfen (jeder Gesamtpunkt mehr kann beispielsweise X % mehr Gehalt einbringen).

Was auf den ersten Blick ganz einfach aussieht, hat so einige Schwachstellen. Zunächst setzt es die Mitarbeiter unter großen Stress, sich einer solchen Bewertung auszusetzen – wer will schon gerne wieder schulnotenmäßig bewertet werden? Zudem sind die Punkte sehr abstrakt. Mitarbeiter können sich anhand dieser abstrakten Worte und

Noten nicht identifizieren. Sie fühlen sich nicht als Person in den Fokus gestellt, sondern mehr als eine Maschine, die Auskunft über Leistungsstärke und Energiebilanz geben soll. Zudem setzen diese Punkte die Mitarbeiter unmittelbar einem Vergleich untereinander aus. Es ist leicht festzustellen, wer welche Gesamtpunktzahl erhalten hat und wo der Durchschnitt liegt. Anstatt sich nun auf konkrete Ziele, Stärken und Schwächen des Individuums zu konzentrieren, schauen die Mitarbeiter nur noch auf die Gesamtpunktzahl, und liegen sie unter dem Durchschnitt, ist das für sie alles andere als motivierend.

Kennen Sie das „Big-fish-small-pond"-Prinzip? Dieses Prinzip besagt, dass es für Menschen motivierender ist, wenn sie im Vergleich zu ihrer sozialen Gruppe bessere Leistungen erbringen, als wenn sie schlechtere Leistungen erbringen, ganz unabhängig davon, wie gut die tatsächliche Leistung ohne Vergleich ist. Anhand mehrerer Untersuchungen zeigte sich beispielsweise, dass kluge Kinder, die gute Noten erzielten, viel Lob erhielten und positiv unter ihren Mitschülern herausstachen, sich viel motivierter ans Lernen gesetzt haben als andere. Sie waren sozusagen der „große Fisch im kleinen Teich" (Englisch: „Big fisch in small pond").

Wurden die gleichen Kinder in eine Gruppe von ebenfalls sehr begabten Kindern gesetzt und waren ihre Leistungen damit zwar grundsätzlich gleichbleibend, jedoch im Vergleich zu ihren Mitschülern nicht mehr so herausstechend, teilweise sogar schlechter, sank ihre Motivation schlagartig. Plötzlich waren sie kleine Fische.

Das gleiche Prinzip lässt sich auch auf die Arbeitswelt übertragen. Mitarbeiter, die sich als große Fische sehen, gehen wahrscheinlich motivierter an die Arbeit heran als die, die sich als kleine Fische sehen. Mitarbeitergespräche, die nur auf Punktebewertungen fokussiert sind, geben den meisten Mitarbeitenden das Gefühl, ein kleiner Fisch zu sein, weil es immer einen oder mehrere Mitarbeiter gibt, die bessere Bewertungen erzielt haben (außer natürlich für den Mitarbeiter mit der höchsten

Punktzahl). Das ist demotiviert und sorgt eher für schlechtere Leistungen und schlechtere Zusammenarbeit. Sollten die Mitarbeiter dennoch hart arbeiten und sich verbessern, erwarten sie im Zuge dessen bei der nächsten Bewertung auch mehr Punkte – sie haben schließlich den Vergleich zum Vorjahr.

Doch wie viel Verbesserung wird notwendig sein, um mehr Punkte zu erhalten? Hat ein Mitarbeiter 5 Punkte erhalten, erwartet er sicherlich im nächsten Gespräch 6, sofern er sich auch nur ein wenig mehr angestrengt hat. Schließlich muss mit einer Verbesserung der Logik nach auch eine höhere Punktzahl kommen. Als Führungskraft ist das natürlich nicht so einfach, denn die Leistung des jeweiligen Mitarbeiters kann sich gleichzeitig verbessern und dennoch nicht das Mindestmaß der Ansprüche eines 6-Punkte-Kandidaten erreichen. Das führt allerdings schnell zu Unmut. Ohne klar definierte Kriterien und intensive Gespräche über die Einzelheiten stehen viele Leitungen vor Mitarbeitern, die ständig die eine Frage wiederholen: „Warum erhalte ich nicht mehr Punkte?“. Eine Führungskraft muss sich nun entscheiden: Konfliktgespräch führen oder nachgeben? Kosten die paar Punkte mehr die Firma nur geringfügig mehr Geld in Form von einer Gehaltserhöhung, mag er dazu geneigt sein, sich Zeit und Mühe zu sparen und anstatt des Konfliktgespräches das Nachgeben zu wählen. Das wiederum trägt auf Dauer nicht zur Verbesserung des Arbeitsklimas und auch nicht zur Zielerreichung bei. Außerdem können so schnell neue Personalkosten entstehen, da alle Mitarbeiter mehr Gehalt erwarten. Wächst das Firmenbudget jedoch nicht ausreichend, können die Gehälter nicht erhöht werden. Da sie unweigerlich an die Punkte geknüpft sind, können die Punkte nicht mehr erhöht werden, was die Führungskräfte dann in bedrängende Situationen bringt und weiter für Unmut im Team sorgt.

Alles in allem kann so ein Mitarbeitergespräch nicht zielführend sein. Es konzentriert sich weder auf klare Ziele, Vorstellungen und individuelles Feedback noch gibt es Führungskraft und Mitarbeitern ausreichend Raum für individuelle Beratung, Verbesserung und Erklärung. Es ist eher demotivierend und Unruhe fördernd als zielorientiert und motivierend. Und letztlich bietet es keinen Platz für ein ehrliches Feedback des Mitarbeiters an die Leitung, die Unternehmensgestaltung oder Platz für Fragen, Anregungen und Sorgen. Wer sich diesen überholten Vorstellungen beugt, Leistungsgespräche verstärkt einzubauen, wird damit auf Dauer keine Produktivitätssteigerung erwarten dürfen. Mitarbeitergespräche können natürlich auch anders gestaltet werden. Wenn Sie produktive Mitarbeitergespräche führen wollen, müssen Sie allerdings eine andere Herangehensweise beachten. Mehr über produktive Mitarbeitergespräche können Sie im Praxisteil nachlesen!

Unberechenbarkeit oder Berechenbarkeit?

In früheren Leitungskonzepten wurde häufig darauf gesetzt, situativ, d. h., der jeweiligen Situation entsprechend zu handeln – entweder mitarbeiterorientiert oder autoritär, je nachdem, was die jeweilige Situation „verlangte". Dadurch entstand allerdings auch stets eine gewisse Unberechenbarkeit. Mitarbeiter wussten selten, welche Art der Reaktion sie erwarten konnten, und mussten sich ihr fügen. Ein solches Konzept führt zu einem reinen Willkür-Verhalten auf der Führungsetage und ist weit weg von modernen Konzepten, die auf Vertrauen und Kommunikation setzen.

Unberechenbarkeit, reine Willkür und allzu autoritäres Verhalten sind Konzepte, die heutzutage immer beliebter sind. Modern Leading setzt auf Kooperationen und Berechenbarkeit. Sind Sie in Ihrem Handeln kontinuierlich, konsequent und zuverlässig – eben berechenbar –, finden die Mitarbeiter schneller Vertrauen zu Ihnen, weil sie wissen, worauf sie sich verlassen können. Das führt zu Sicherheit, Stabilität und Motivation. Modern Leading setzt auch auf das Schaffen von Rahmenbedingungen, die dem Unternehmen Zukunft und Stabilität geben. Auch das gelingt nur einem berechenbaren Leitungsstil – denn wenn Sie ständig die „jeweilige Situation“ als Ausrede für willkürliche Entscheidungen nutzen können, werden Sie es kaum schaffen, kontinuierliche Rahmenbedingungen zu erstellen und Konzepte zu errichten, an denen sich das Team orientieren kann.

Die Great-Man-Theory

Die Great-Man-Theory entspricht einem veralteten Gedanken, nach dem man glaubte, dass gewisse Menschen zum Führen einfach geboren seien. Noch bis in die 1930er Jahre nahm die damalige Wissenschaft an, dass manche Menschen schlichtweg die besonderen Eigenschaften und Talente, die von einer Führungskraft erwartet wurden, mit sich brachten. Heute weiß die Wissenschaft, dass das nicht stimmt. Auch wenn manche Menschen mit einem größeren oder kleineren Hang zu bestimmten Charakteristika und Qualitäten zeigen, können doch alle Disziplinen, die eine gute Leitung ausmachen, erlernt werden. Außerdem hat diese Theorie vollkommen ausgeblendet, dass weibliche Führungskräfte genauso gut wie männliche Führungskräfte sein können.

Gehen Sie daher fälschlicherweise von der Great-Man-Theory aus und denken, dass Sie entweder zur Führungskraft geboren sind oder nicht, gehen Sie nicht nur von einem vollkommen veralteten Standpunkt aus, sondern stehen sich auch selbst im Wege. Wie wollen Sie an sich arbeiten und dazu lernen, wenn Sie davon ausgehen, dass Sie entweder im Grunde bereits alles besitzen (müssen), um eine gute Leitung zu sein oder nicht?

Viele altmodische Theorien und Konzepte beinhalten ähnliche Grundgedanken. Sie basieren nicht selten auf überholten Wissens- und Forschungsständen, nicht mehr zeitgemäßen Idealvorstellungen oder stereotyphaften Rollenbildern der Geschlechter oder sogar Religionen, Herkunftsorte und Sexualität. Wer sich von alten Vorstellungen wie diesen nicht trennen kann, wird im modernen Arbeitsalltag keinen Fuß fassen können. Derartige alte Gedankengänge und Konzepte sollten Sie also so bald wie möglich aus Ihrem (Unter-)Bewusstsein verbannen, damit Sie Ihren Erfolgsweg im modernen Zeitalter weiter beschreiten können.

MODERNE SKILLS

Im heutigen Zeitalter sind einige Skills, d. h., Fähigkeiten, dazu gekommen, die von einer Führungskraft erwartet werden. Mit den Veränderungen des modernen Zeitalters werden beispielsweise digitale Fähigkeiten wichtiger, aber auch andere Qualitäten anders wertgeschätzt. Modern Leading befasst sich mit diesen Werten und zeigt auf, welche Fertigkeiten heutzutage (auch aufgrund neuerer wissenschaftlicher Erkenntnisse) an Bedeutung gewonnen haben und zum erfolgreichen und guten Führen eines Unternehmens oder einer jeden Arbeitsgruppe gehören.

Stets mit gutem Beispiel voran

Dieser Punkt ist der wahrscheinlich wichtigste und er wurde bereits mehrfach kurz erwähnt: Als Führungskraft müssen Sie stets mit gutem Beispiel vorangehen. Ihre Mitarbeiter müssen Ihnen gerne folgen und sich darauf verlassen können, dass Sie keinen Wein trinken, während Sie Wasser predigen, um es sprichwörtlich auszudrücken.

Denken Sie also stets daran, dass Sie bei all Ihren Entscheidungen als Vorreiter fungieren können müssen. Wenn Sie Veränderungen erstreben, fangen Sie an. Wenn Sie möchten, dass Ihre Mitarbeiter einen entsprechenden Umgang miteinander pflegen, zeigen Sie ihnen, wie es geht, und behandeln Sie Ihre Mitarbeiter entsprechend. Seien Sie respektvoll, beherrscht und freundlich. Zeigen Sie Ihnen auch, wie eine produktive Arbeitsweise aussehen soll. Dazu gehört auch, am Freitagnachmittag nicht als Erste/r zu verschwinden, während alle anderen Mitarbeitenden bis zum Abend bleiben müssen. Wenn Sie möchten, dass sich Ihr Team nach Ihren Vorstellungen ausrichtet, müssen Sie den Weg wohl oder übel mit Ihnen gehen. Das hat allerdings obendrein den Vorteil, dass Sie am eigenen Leib erkennen, wo Ihre Vorstellung oder Ihr System vielleicht noch Fehler beinhaltet. Sie können also nur gewinnen. Nehmen Sie sich diesen Punkt daher besonders zu Herzen. Wenn Sie nicht mit gutem Beispiel vorangehen, wird sich das negativ auf die gesamte Arbeit auswirken. Denken Sie daran: Sie dienen als Orientierungspunkt.

Mit Vertrauen leiten

Einer guten Führungskraft müssen die Mitarbeitenden vertrauen können. Das bedeutet, sie müssen sowohl in Ihre Arbeitsleistung als auch in Ihre Persönlichkeit Vertrauen fassen. Sehen sie in Ihnen eine Leitung, deren Arbeitsweise sie vertrauen können, wird sie das motivieren und ihr Durchhaltevermögen stärken. Es ist schließlich wesentlich leichter, einer Leitung zu folgen, deren motivierende Parolen sich in der Vergangenheit als hilfreich und als realistischer Optimismus erwiesen haben, anstatt einer Leitung zu folgen, die sich in der Vergangenheit als überheblich, unvorsichtig oder vorschnell erwiesen hat. Und je mehr Vertrauen Ihre Mitarbeiter in Sie als Person haben, desto eher kommen sie zu Ihnen, wenn etwas nicht gut läuft – und das ist extrem wichtig. Je früher die Mitarbeiter sich Ihnen anvertrauen, desto leichter lassen sich die Probleme in der Regel beheben.

Damit Ihr Team zu Ihnen Vertrauen fassen kann, sind ein paar Grundvoraussetzungen unerlässlich. Sie dürfen sich nicht allzu sehr verstellen, müssen ehrlich und authentisch bleiben, ansonsten bekommen Ihre Mitmenschen das Aufgesetzte viel schneller mit, als Sie denken, und werden eher misstrauisch. Auch wenn Sie es „gut" meinen und beispielsweise mehr Fröhlichkeit vorspielen möchten, kann das schnell nach hinten los gehen, wenn Ihr Team merkt, dass es nicht echt ist. Bleiben Sie also natürlich und offen und pflegen Sie einen freundlichen Umgang. Wenn Sie ständig unfreundlich sind, kommen Ihre Mitmenschen sicherlich nicht gerne auf Sie zu. Behandeln Sie die Mitmenschen so, wie Sie selbst behandelt werden möchten, stehen Sie zu Ihrem Wort (machen Sie also keine losen Versprechungen!) und behalten Sie vertrauliche Informationen konsequent für sich – niemand vertraut sich gerne einem Menschen an, von dem er glaubt, er plaudere gerne aus dem Nähkästchen.

Und schließlich müssen Sie lernen, sich selbst zu vertrauen, damit andere in Ihre Fähigkeiten vertrauen können. Auch das klingt nachvollziehbar, nicht wahr? Wenn Sie nicht in Ihr Können vertrauen, wer soll es dann? Lernen Sie, sich nicht selber in Zweifeln zu ersticken, und vertrauen Sie auf Ihr Können als Leitung. Sie haben es bereits bis zu dem Punkt geschafft – Sie können also davon ausgehen, dass Sie die Position verdient haben und dort richtig sind!

Eine einfache Übung, um Ihr Vertrauen in Ihre eigenen Fähigkeiten zu stärken: Schreiben Sie eine Liste mit all Ihren Erfolgen in Ihrem bisherigen Werdegang auf. Nehmen Sie sich dafür ruhig Zeit und gehen Sie in Ruhe alle kleinen und großen Meilensteine Ihres Werdegangs durch. Oder legen Sie ein Erfolgstagebuch an, in dem Sie regelmäßig neue Erfolge – auch hier kleine und große – eintragen. Wann immer Sie an Ihren Fähigkeiten zweifeln, können Sie einen Blick auf diese Liste oder in das Buch werfen und sich daran erinnern, wie weit Sie bereits gekommen sind.

Und Sie werden merken: Je größer Ihr Vertrauen in Ihre eigenen Fähigkeiten ist, desto größer wird auch das Vertrauen Ihres Teams in Ihre Fähigkeiten!

Tipp: Bedenken Sie, dass echtes Vertrauen nicht mit Überschätzung und Überheblichkeit einhergeht. Es geht bei dieser Übung nicht darum, sich selbst in den Himmel zu loben und blind für alle Fehler und Verbesserungsmöglichkeiten zu werden. Zu einem realistischen Selbstvertrauen gehört auch, vernünftig zu reflektieren, was weniger gut lief. Denn nur so können Sie an den Makeln arbeiten und zukünftig noch besser werden und weitere Erfolge feiern!

Transparenz und Authentizität

Transparenz und Authentizität sind definitiv Merkmale, die in den vergangen Jahren zunehmend an Bedeutung gewonnen haben. Wie bereits im obigen Abschnitt erwähnt, bilden diese beiden Merkmale auch die Basis des Vertrauensprinzips. Sie wollen das Vertrauen Ihrer Mitarbeiter gewinnen? Dann bleiben Sie authentisch und transparent. Natürlich bedeutet das nicht, dass Sie jedes private Detail Ihres Lebens auf den Tisch bringen müssen. Es bedeutet lediglich, dass Sie fair genug sind, Ihren Mitmenschen Ihre ehrliche Meinung zu vermitteln und die Gründe für Ihr Handeln offen zu kommunizieren.

Transparenz und Authentizität – warum sie so wichtig sind

Offenheit ist die Grundlage für sympathische und erfolgreiche Kommunikation. In einem Gespräch merkt Ihr Gegenüber schnell, ob Sie sich stark kontrollieren oder frei und ehrlich verhalten. Je kontrollierter und krampfhafter Sie dabei sind, desto unnatürlicher und gehemmter nimmt Sie der Gesprächspartner wahr. Das kann dazu führen, dass Sie als unsympathisch oder auch falsch eingestuft werden und somit das Vertrauen in Ihre Person sinkt.

Leider ist dies ein Fehler, der vielen Businessprofessionellen passiert: Stets wird von einem „professionellen Auftritt“ gesprochen, der nur allzu häufig mit Verschlossenheit und Zurückhaltung verwechselt wird. Natürlich sollen Sie nicht jedem Mitarbeiter Ihr Herz ausschütten, aber allzu verkrampft und verschwiegen aufzutreten, bezweckt auch eine nachteilige Wirkung. Professionalität bedeutet nicht, sich krampfhaft zu verschließen. Sie ist vielmehr der gekonnte Mittelweg zwischen Offenheit und Zurückhaltung, wo es notwendig ist oder zu persönlich wird. Wer sich gar nicht in die Karten schauen lässt, fördert keine offene Kommunikationskultur und sorgt so dafür, dass die Kommunikation im gesamten Team schlechter funktionieren kann.

Hinzu kommt, dass sich Mitarbeiter schnell ausgeschlossen fühlen, wenn sie das Gefühl haben, ihnen werden wichtige Informationen vorenthalten. Sie bekommen das Gefühl, dass die Leitung – entweder mangels Vertrauen in ihre Fähigkeiten oder aus reiner Machtgier und Überheblichkeit – viele Dinge im Alleingang klären möchte, ohne die Mitarbeiter in die entscheidenden Schritte miteinzubeziehen. Das wiederum führt häufig zu nachlassender Produktivität: Mitarbeitende stellen sich die Frage, warum sie sich Mühe geben sollten, wenn sie ohnehin nicht vollständig miteinbezogen werden. Vielleicht haben sie auch das Gefühl, dass bereits vieles schief geht, weil die Leitung offensichtlich zahlreiche Dinge verschweigt, oder sie fühlen sich in einem Umfeld, in dem nicht offen miteinander kommuniziert wird, schlichtweg unwohl. So oder so, Intransparenz kann schnell zu einem Mangel an Motivation und damit zu Leistungsnachlass führen.

Wenn Ihre Mitarbeiter Ihnen erstmal zu misstrauen anfangen, kann es schwierig werden, aus der Ecke wieder herauszukommen. Misstrauen kann sich sehr hartnäckig halten und außerdem zu einem Teufelskreis führen. Wenn Sie selber merken, dass Ihre Mitarbeiter Ihnen misstrauen, Sie vielleicht sogar ablehnen, kann das schnell dazu führen, dass Sie ihnen erst recht weniger offen und transparent entgegentreten. Schließlich fürchten sie bewusst oder unbewusst erst recht Ablehnung, wenn sie sich verletzlicher zeigen – und je offener und ehrlicher wir uns zeigen, desto verletzlicher sind wir natürlich auch. Es ist aber gerade dieses Maß an Ehrlichkeit und ein wenig Verletzbarkeit, das uns sympathisch wirken lässt. Nur wer diese Seite selber zulässt, kann gleiches Verhalten auch von anderen erwarten. Und um ein gutes Arbeitsklima und Produktivität zu sichern, wollen Sie sicherlich auch ein transparentes und offenes Auftreten Ihrer Mitarbeiter erreichen.

Transparenter und authentischer werden – worauf es ankommt

• Versuchen Sie, Transparenz zu schaffen und authentisch zu bleiben, so weit es geht. Wenn Sie das Gefühl haben, dass Sie bereits eine Art Schutzmauer um sicher herum errichtet haben, die zu Intransparenz und Verschlossenheit führt, dann versuchen Sie, die Mauer Schritt für Schritt abzubauen. Es kann schwierig sein, sich auf einmal so sehr zu öffnen, doch wenn Sie in kleinen Schritten vorangehen, erreichen Sie schon bald ein offeneres Miteinander. Zeigen Sie Ihren Mitarbeitern in kleinen Schritten ein wenig mehr Offenheit.

• Eine der besten Übungen dafür ist ein Hauch mehr Ehrlichkeit auf die Frage „Wie geht es Ihnen?“. Üben Sie das, wann immer Sie gefragt werden, und ersetzen Sie das dahin geworfene „Gut!“ oder „Bestens!“ durch ein sachtes „Stressige Phase zurzeit, aber ansonsten gut“ – Sie sehen, Sie müssen nicht mit der Tür ins Haus fallen, können aber leicht üben, mit ein wenig Ehrlichkeit eine offenere Kommunikationsbasis zu schaffen. Je häufiger Sie eingestehen, dass nicht alles perfekt läuft – beispielsweise, weil die Arbeit gerade stresst –, desto leichter fällt es auch Ihren Mitmenschen.

• Verheimlichen Sie Ihrem Team keine Informationen, die unter Umständen wichtig sind, und sorgen Sie dafür, dass Sie insbesondere größere Veränderungen im Unternehmen transparent machen. Je besser die Veränderungen und Handlungen für Ihr Team nachvollziehbar und erkennbar sind, desto leichter fällt es Ihnen, damit umzugehen. Kommunizieren Sie also anstehende Termine, Veränderungen und Entscheidungen. Nennen Sie Ihrem Team auch Gründe dafür. Auch hier gilt: Sie müssen nicht direkt einen stundenlangen Monolog über all die Vorteile einer neuen Veränderung halten und Sie müssen sich als Leitung auch nicht für jede Entscheidung rechtfertigen. Doch nennen Sie kurz und bündig die entscheidenden Gründe und Motive, die hinter der Veränderung oder Handlung steckten. Das macht es für die Mitarbeiter wesentlich leichter, Sie beugen Verwirrungen oder Missverständnissen leichter vor und können so eine neue Vertrauensbasis schaffen. Bleiben Sie außerdem offen, falls die Mitarbeiter noch weitere Fragen haben.

- Bieten Sie Ihrem Team ruhig regelmäßig an, mit Fragen zu Ihnen zu kommen – die Mitarbeitenden müssen das Vertrauen in Sie unter Umständen erst lernen und nur, wenn das erreicht ist, werden Sie sich auch mit Fragen an Sie wenden. Sollte es am Anfang noch eine Weile dauern, bis die ersten Mitarbeiter mit Fragen auf Sie zukommen, zögern Sie nicht, regelmäßig auf sie zuzukommen und sich zu vergewissern, dass alles in Ordnung ist. Oftmals trauen sich Menschen eher, eine Frage zu stellen oder Feedback zu geben, wenn der andere den ersten Schritt macht.

- Kommunizieren Sie klare Ziele und Vorstellungen. Je transparenter Sie mit Ihren Wünschen, Erwartungen und Ansichten sind, desto verständlicher ist für die Mitarbeiter entsprechendes Feedback ihrer Arbeit. Wenn Sie genau wissen, worauf es ihnen ankommt, können sie leichter gezielt darauf hinarbeiten, an einem Strang ziehen und verstehen, wieso ihr Feedback gut oder schlecht ausfällt.

- Denken Sie daran, dass auch Ihre Körpersprache viel über Ihre Authentizität aussagt: Auch wenn Sie glauben, dass Sie (vermeintlich) ehrliche Worte gefunden haben, kann Ihre Haltung, Gestik und Mimik Sie schnell verraten. Achten Sie also auch auf Ihre Körpersprache und versuchen

Sie, sich so natürlich zu geben wie möglich. Klar, Sie möchten professionell auftreten, gerade sitzen, aufrecht stehen und gehen – doch versuchen Sie, nicht krampfhaft zu viel Selbstbewusstsein in Ihre Körpersprache zu verpacken. Erstens wirkt das häufig schneller arrogant als selbstbewusst und zweitens wird es sehr bald sichtbar, wenn es aufgesetzt ist. Um ehrlich selbstsicher aufzutreten, müssen Sie sich von innen so fühlen. Achten Sie daher auch auf Ihre eigenen Wünsche und Vorstellungen. Lernen Sie, sich selber zuzuhören. Je besser Ihre sogenannte „Innen-Kommunikation“ funktioniert, desto besser klappt es auch mit der Außen-Kommunikation.

- Eine einfache Übung für die Innen-Kommunikation: Schauen Sie sich morgens oder abends eine Minute lang im Spiegel an und fragen Sie sich ehrlich: Wo will ich heute/morgen hin? Wie ist der letzte Tag gelaufen, was hat sich verbessert, was verschlechtert und was wünsche ich mir für den heutigen/nächsten Arbeitstag? Diese Übung geht schnell und kann für etwas mehr Klarheit im Alltag sorgen. Versuchen Sie, diese Wünsche und Vorstellungen dann auch entsprechend zu kommunizieren und zu erreichen!

Empathie und soziale Erfahrungen

Empathie und soziale Erfahrungen werden heute mehr wertgeschätzt denn je. Als Empathie werden die Fähigkeit sowie die Bereitschaft bezeichnet, Emotionen, Gedanken und Motive einer anderen Person zu erfassen, zu verstehen und nachzuempfinden. Im Allgemeinen wird darunter auch häufig die Fähigkeit verstanden, angemessen auf Gefühle anderer Menschen zu reagieren, beispielsweise Trauer zu teilen, Mitleid zu empfinden und Hilfsbereitschaft zu zeigen.

Empathie wird häufig mit Mitgefühl oder Mitleid gleichgesetzt, tatsächlich lassen sich jedoch alle drei Begriffe voneinander abgrenzen.

Wer Empathie hat, der fühlt, was der andere fühlt. Wenn Ihr Gesprächspartner Ihnen von seinem Leid klagt, dann spüren Sie als empathischer Mensch dieses Leid und werden mehr oder weniger stark in diese Emotionen hineingezogen. Sie fühlen sich ebenfalls traurig und vielleicht sogar ein wenig hilflos und mutlos. Spüren Sie dagegen Mitgefühl, dann können Sie zwar auch erkennen, dass Ihr Gesprächspartner leidet, werden aber nicht so sehr in das Gefühl hineingezogen. Sie fühlen sich womöglich auch ein wenig traurig, sind aber vor allem besorgt, liebevoll und zugeneigt und möchten sich um die Person kümmern. Wird hingegen von Mitleid gesprochen, meint dies eine Emotion mit noch mehr Distanz. Sie erkennen, dass der andere Mensch leidet, spüren aber nicht selber eine tiefe Traurigkeit. Sie sorgen sich und wollen der Person helfen, weil sie Ihnen leid tut. Sie möchten sich um die Person kümmern, stehen aber mit etwas mehr Abstand zu seiner Gefühlslage.

Empathie bedeutet, zwischen den Zeilen lesen zu können. Ihre Gesprächspartner müssen Ihnen nicht erst sagen, dass sie nervös und gestresst sind, Sie können das während der Unterhaltung sofort ausmachen – genauso, wie Sie erkennen, ob sich jemand freut, und schneller herausfinden oder wenigstens erahnen können, welche Motive sich hinter bestimmten Handlungen verbergen.

Was macht eine empathisch und sozial erfahrene Führungskraft aus?

Empathisches Führungsverhalten bedeutet vor allem, Zeit zu haben (bzw. sie sich zu nehmen), um sich in andere hineinzuversetzen. Das Harvard Business Review bezeichnete empathisches Führungsverhalten als ehrliche Absicht, zum Wohlbefinden und Glück anderer auf der Arbeit beizutragen. Das bedeutet: Einer empathischen Führungskraft geht es nicht nur um die Leistung der Mitarbeiter, sondern aufrichtig auch um deren Zufriedenheit und Entfaltungsmöglichkeiten im Beruf. Eine empathische Führungskraft bringt besondere Eigenschaften mit sich. Eine davon ist eine realistische und ehrliche Selbstwahrnehmungsfähigkeit.

Für Empathie ist die eigene Selbstwahrnehmung ein wichtiger Baustein. Wer sich selber ehrlich erkennen kann und will – und dazu gehört auch, den eigenen Emotionen Beachtung zu schenken –, dem fällt das auch bei anderen leichter. Um Empathie zu trainieren, wird daher auch das Beobachten- und Verstehen-Lernen der eigenen Emotionen regelmäßig empfohlen. Eine empathische Führungskraft wird entsprechend auch ihre eigenen Stärken und Schwächen erkennen und anerkennen können. Sie weiß, wann sie ihr Bestes gegeben hat, und erkennt dies ebenso als Leistung an, wie einen tatsächlichen Sieg in einer Sache.

Zusätzlich gehört eine gute Wahrnehmungsfähigkeit in Bezug auf die Gefühle und das Verhalten anderer zu den Stärken einer empathischen Führungskraft. Solche Führungskräfte können sich in die Mitarbeiter hineinversetzen und dadurch deren Reaktionen und die Auswirkungen ihrer Entscheidungen und Handlungen auf das Team verstehen. Das wiederum bedeutet auch, dass eine solche Führungskraft verstanden hat, dass zu einer guten Leitungsarbeit auch dazu gehört, ein wenig Zeit und Mühe in die Mitarbeiter zu investieren bzw. darin, sie zu begreifen und kennenzulernen. Denn nur so kann der Erfolg langfristig gesichert werden.

Eine empathische Führungskraft vermittelt Feedback ganz anders als eine, die keine ausgeprägten sozialen Fähigkeiten aufweist. Ihr Feedback ist konstruktiv und wird so vermittelt, dass es die Mitarbeiter motiviert, etwas zu verändern, zu verbessern, aber auch, etwas Gutes beizubehalten. Negatives Feedback wird so formuliert, dass es zu weiterer Arbeit motiviert und klar macht, wo noch Schwächen auszubügeln sind. Diese Eigenschaft darf nicht unterschätzt werden, scheitern Verbesserungsversuche doch häufig daran, dass den Mitarbeitern nicht klar genug vermittelt wurde, *was* das eigentliche Problem ist. Eine empathische Führungskraft zeichnet sich auch dadurch aus, dass sie mit ihrem Feedback die Wichtigkeit des jeweiligen Teammitglieds als solches unterstreicht und die notwendigen Ressourcen erkennt, die für Verbesserungen und Veränderungen eventuell benötigt werden. Sie fordert also nicht nur ein, sondern erkennt auch selber, wo sie unterstützen muss (beispielsweise, indem sie notwendige Ressourcen zur Verfügung stellt). Das Gleiche gilt auch für Feedback, das von den Mitarbeitern ausgeht: Eine empathische Führungskraft zeigt Verständnis für die Wahrnehmung der Mitarbeiter und kann entsprechend viel gezielter auf deren Feedback, Veränderungswünsche und Kritik eingehen.

Zusammenfassend lässt sich also festhalten, dass eine empathische und sozial erfahrene Führungskraft einen ganz anderen Umgang mit den Teammitgliedern pflegt: Sie zeigt Verständnis, Einfühlungsvermögen und weiß gleichzeitig, wie sie konkret und selbstsicher vermittelt, was getan und verändert werden muss. Empathie sorgt bei einer Führungskraft also entgegen einer häufigen Falschannahme keinesfalls für ein „zu-weich-sein" der Leitungsposition. Sie sorgt vielmehr für ein konstruktives und zielführendes Miteinander und für gestärkte Durchsetzungskraft, da die Leitung genau weiß, wie sie die Dinge vermitteln muss, damit die Mitarbeiter sie auch tatsächlich zeitnah und motiviert umsetzen.

Warum ist Empathie als Führungskraft wichtig?

Anhand der Eigenschaften einer empathischen Führungskraft zeichnet sich schon deutlich ab, warum Empathie und soziale Erfahrungen als Führungsposition so vorteilhaft sind: Wer sich sozial und empathisch zeigt, kann sich leichter in die Lage der Mitarbeiter hineinversetzen und daher leichter deren Bedürfnisse erahnen und verstehen.

Das wiederum macht es einfacher, ein Team effektiv, zielführend und produktiv zu leiten. Je besser sich die Mitarbeiter verstanden fühlen, desto besser wird die Zusammenarbeit. Empathie und ein gewisses Maß an sozialer Erfahrung können dafür sorgen, dass die Kommunikation besser gelingt und auch bei Meinungsverschiedenheiten auf beiden Seiten mehr Verständnis für die jeweilige Ansicht des Gegenübers entsteht.

Führungskräfte, die genügend soziale Erfahrung und Empathie mit sich bringen, können durch ihre Fähigkeit, sich in andere hineinzuversetzen, zu einem besseren Verständnis in ihrem Team beitragen. Sie können Probleme schneller beseitigen und ihre Mitarbeiter besser motivieren (anstatt fälschlicherweise davon auszugehen, dass sie nur genug Autorität ausstrahlen und drohen müssen). Sie lernen, ihre Mitarbeiter besser zu verstehen und damit auch deren emotionale und persönliche Eigenarten zu erkennen und zu begreifen. Je besser eine Leitung die Mitarbeiter kennt und das versteht, was in ihnen vorgeht, desto erfolgreicher kann sie diese Mitarbeiter führen. Sie kann auch individuelle Emotionen viel besser eingehen, sich entsprechend vorbereiten und auf Aussagen und Verhaltensweisen reagieren. Eine empathische Führungskraft wird gezielter und effektiver zu langfristigem Erfolg gelangen.

Wie empathisch sind Sie?

Um herauszufinden, ob Sie an Ihrer Empathie noch arbeiten sollten, können Sie sich ein paar gezielte Fragen stellen – die Sie natürlich absolut ehrlich beantworten müssen! Denken Sie daran, wenn Sie sich als Führungskraft wirklich verbessern möchten, hilft es nicht, sich die Dinge schön zu reden. Reflektieren Sie sich selbst und versuchen Sie, die folgenden Aussagen zu überprüfen:

1. Die Stimmungslage in einer Gruppe oder einem Raum zu erkennen, fällt mir leicht. Meistens merke ich bereits beim Hinzukommen bzw. Betreten, wie die Stimmung ist.

2. Wenn andere reden, kann ich aufmerksam zuhören und verstehe, was sie mir sagen wollen. Ich verstehe auch das, was zwischen den Zeilen steht.

3. Ich erkenne Körpersprache gut und kann sie zuverlässig interpretieren.

4. Wenn mir andere Ihre Gefühle erklären, kann ich diese gut verstehen und nachvollziehen.

5. Emotionen anderer fühle ich ebenfalls. Wenn jemand weint, macht mich das auch traurig und wenn sich jemand freut, bringt mich das gleichermaßen zum Lächeln.

6. In Konfliktsituationen kann ich in der Regel beide Seiten sehr gut verstehen und versuche entsprechend, eine gemeinsame Lösung zu finden.

7. Ich versuche, anderen zu helfen, wie es nur geht, und kann oftmals eine gute Stütze sein, weil ich verstehe, was in ihnen vor geht. Ich kann beispielweise Aufgaben übernehmen, weil ich verstehe, wie belastend diese für den anderen sind, und ich kann Geheimnisse gut für mich behalten, weil ich weiß, wie wichtig sie für den anderen sind.

8. Meine eigenen Gefühle, Emotionen, Wünsche und Bedürfnisse zu erkennen, fällt mir nicht schwer. Ich verstehe und kenne mich selbst gut.

9. Ich erkenne schnell, wenn Menschen mir etwas verschweigen oder mich anlügen. Die wahren Motive einer Person zu erkennen ist für mich in der Regel kein Problem.

10. Meine Wahrnehmung täuscht mich selten und ich erkenne häufig beim ersten Eindruck, ob mir ein Mensch wohlgesonnen ist oder nicht.

11. Menschen in meinem Umfeld vertrauen mir und erzählen mir häufig private Dinge. Ich bekomme oft das Feedback, dass ich ein guter Zuhörer bin.

Wie viele dieser Aussagen können Sie ehrlich für sich bestätigen? Je mehr Aussagen auf Sie zutreffen, desto empathischer scheinen Sie bereits zu sein.

Was nicht auf Sie zutrifft, sind entsprechend Dinge, an denen Sie noch arbeiten können.

Wie kann Empathie erlernt werden? Ein paar einfache Übungen!

Kann Empathie überhaupt erlernt werden oder ist sie angeboren? Viele Menschen quälen sich mit dieser Frage oder gehen fälschlicherweise davon aus, dass man entweder als empathischer Mensch geboren wird oder eben nicht. Natürlich gibt es Menschen, die mit einer starken Neigung zur Empathie geboren werden. Vieles ist allerdings auch anerzogen oder erlernt worden – und kann entsprechend auch im Erwachsenenalter noch trainiert werden! Wenn Sie das Gefühl haben, dass Sie an Ihrer Empathie und an Ihrer sozialen Weisheit noch arbeiten können, dann gibt es hier ein paar einfache Übungen, mit denen Sie starten können:

1. Trainieren Sie das Zuhören. Aktives Zuhören ist schließlich die Grundvoraussetzung für Empathie. Nur wenn Sie sich als guter Zuhörer herausstellen, können Sie auch empathisch sein. Denken Sie daran, dass gute Zuhörer auch Fragen stellen, um den Gesprächspartner wirklich so gut wie möglich zu verstehen. Mehr Tipps zum Zuhören können Sie im nächsten Abschnitt „Zuhören statt Anhören“ nachlesen!

2. Bleiben Sie offen und unvoreingenommen. Lassen Sie sich nicht von Vorurteilen oder den Meinungen anderer sowie Gerüchten beeinflussen und gehen Sie offen auf jeden Menschen zu. Bilden Sie sich Ihre eigene Meinung. Wenn Sie sich von vornherein zu sehr von dem beeinflussen lassen, was Sie von anderen hören, schränkt Sie das in Ihrer Empathie stark ein. Sie fühlen vielleicht sogar, dass eine Person sich traurig fühlt, haben aber im Hinterkopf, dass die Kollegen behaupten, sie würde das nur vorspielen, und vermeiden aktiv, der Person zu vertrauen. Wider dem, was Ihnen Ihre Intuition sagt. Wenn Sie Empathie lernen möchten, müssen Sie lernen, offen zu bleiben und auf Ihre eigene Stimme zu hören, anstatt auf das, was Sie von anderen gesagt bekommen. Bleiben Sie

außerdem offen für einen zweiten Eindruck. Auch Kollegen, die Ihnen auf den ersten Eindruck unsympathisch oder reserviert erscheinen, können auf den zweiten Blick ganz anders sein. Vielleicht waren Sie nur nervös, hatten einen schlechten Tag, eine tragische Nachricht kurz vor Ihrem Gespräch erhalten oder Ähnliches. Verurteilen Sie keine Menschen nach dem ersten Eindruck, sondern geben Sie sich und den anderen Zeit, einander kennenzulernen.

3. Ihre Mitmenschen kennenzulernen ist sogleich der nächste entscheidende Tipp. Zeigen Sie Interesse, stellen Sie Fragen, lernen Sie ihre Gewohnheiten kennen. Beobachten Sie Ihre Mitmenschen (unauffällig – d. h., starren Sie sie nicht dauernd an) und achten Sie dabei auch auf Details. Welche Verhaltensmuster beobachten Sie, wie reagieren sie auf bestimmte Auslöser, wie arbeiten sie, welche Routinen haben sie? Solche Tricks helfen ungemein dabei, empfänglicher für Ihre Mitmenschen zu werden. Wenn Sie beispielsweise erkennen, dass ein Mitarbeiter morgens stets zunächst einen Kaffee braucht, um wach zu werden, und in dieser Zeit nur E-Mails liest, anstatt in Gespräche zu treten, wissen Sie, dass Sie die besten Chancen auf ein vernünftiges Gespräch nach dem Kaffee haben. Sie verstehen auch besser, warum dieser Mensch so kurz angebunden war, als Sie letzte Woche vor dem Kaffee das Gespräch gesucht haben. Wenn Sie erkennen, welche Situationen oder Verhaltensweisen ein Teammitglied nervös machen, können Sie das besser vermeiden und für eine angenehmere Atmosphäre sorgen.

4. Lernen Sie unterschiedliche Menschen kennen. Je mehr verschiedene Menschen Sie kennenlernen und beobachten können, desto vielseitiger wird Ihre Menschenkenntnis. Je häufiger Ihnen diverse Eigenarten, Routinen, Reaktionen und Emotionen begegnen, umso mehr verschiedene Perspektiven lernen Sie kennen und desto leichter wird es Ihnen fallen, sich in andere Menschen hineinzuversetzen. Beobachten Sie dazu auch Ihre Mitmenschen auf der Straße, im Café und an anderen Orten. Hören

Sie zu, lesen Sie Meinungsartikel, Biografien, schauen Sie Reportagen und Interviews und diskutieren Sie mit Freunden und Verwandten über die verschiedensten Themen. Das Kennenlernen neuer Perspektiven und Argumente hilft Ihnen dabei, das Verhalten anderer zu entschlüsseln.

5. Spiegeln Sie Ihre Gesprächspartner. So albern es klingen mag, dieser einfache Trick sorgt dafür, dass Sie sich gut in einen Menschen hineinversetzen können. Ahmen Sie seine Körpersprache subtil nach und es wird Ihnen leichter fallen, zu empfinden, was der andere empfindet. Schließlich drückt Körpersprache stets die Emotionen einer Person aus. Oftmals nehmen die anderen die Spiegelung unterbewusst wahr und empfinden eine stärkere Bindung, da sie sich ähnlich und verstanden fühlen.

6. Erkennen Sie den Unterschied zwischen Empathie, Mitgefühl und Mitleid. Es wurde Ihnen zuvor in diesem Abschnitt erklärt: Die drei Eigenschaften unterscheiden sich, wenn auch nicht immens, nicht unerheblich voneinander. Versuchen Sie, so oft wie möglich in sich hineinzuhorchen und zu erkennen, ob Sie gerade Empathie, Mitgefühl oder Mitleid empfinden.

7. Umgeben Sie sich mit empathischen Menschen und lernen Sie von ihnen. Sicherlich kennen Sie den einen oder anderen Menschen, der als besonders empathisch gilt oder den Sie selber als empathisch wahrnehmen. Manchen Menschen fällt es scheinbar unglaublich leicht, sich so sehr in andere hineinzuversetzen. Bitten Sie diese Menschen ruhig um Hilfe. Diskutieren Sie verschiedene Situationen und vergleichen Sie Ihre Wahrnehmungen miteinander. Lassen Sie sich so genau wie möglich erklären, warum der andere bestimmte Dinge so wahrnimmt, wie er sie wahrnimmt – gerade dann, wenn sich das von Ihrer eigenen Wahrnehmung unterscheidet. Sie glauben beispielsweise, ein Freund wäre genervt, Ihr empathischer Bekannter jedoch glaubt, er wäre nervös oder

gar ängstlich. Woran macht er dies fest? Solche Tipps sind unwahrscheinlich wertvoll und können dazu beitragen, Signale besser zu erkennen. Auch Beobachtungen im Café können Sie zu zweit machen und Ihre Wahrnehmungen vergleichen.

8. Theaterspielen kann eine wunderbare Methode sein, Empathie zu üben. Das Schauspielern ist nicht zwangsläufig jedermanns Sache, doch schon laienhaftes Darstellen kann sehr dabei helfen, sich in andere hineinzuversetzen. Schließlich müssen Sie sich als Schauspieler gekonnt in die Lage einer fiktiven Person setzen können. Vielleicht gibt es in Ihrer Stadt ja eine Hobbygruppe? Falls Ihnen dies nicht möglich sein sollte, kennen Sie vielleicht jemanden, der schauspielert und können dort nach Tipps fragen? Auch das Eintauchen in andere Kulturen und Weltanschauungen durch Clubs, Hobbygruppen und Ähnliches kann zu besserem Menschenverständnis beitragen.

9. Hinterfragen Sie Ihre Gefühle regelmäßig und überprüfen Sie, ob es sich wirklich um Ihre eigenen Ansichten handelt oder ob Sie sich gerade von den Emotionen anderer leiten lassen. Lernen Sie, zu verstehen, wie es sich anfühlt, wenn es sich um Ihre eigenen Gefühle handelt oder wann Sie sich zu sehr von anderen Emotionen, Aussagen, Verhaltensweisen oder sonstigen Beeinflussungen einnehmen lassen.

10. Halten sie im Zweifelsfall kurz inne – lassen Sie Pausen zu, warten Sie ab, wahren Sie Distanz, wenn Sie sich nicht sicher sind, wie Sie am besten reagieren. Oftmals liegt der Fehler in einem wohlgemeinten Gespräch gerade darin, den anderen mit Nachfragen oder guten Tipps, eigenen Geschichten und Theorien zu überhäufen. Teilweise möchten Menschen nur Dampf ablassen, einen Zuhörer finden oder ein bisschen Verständnis sehen. Geben Sie sich und Ihren Mitmenschen solche Pausen, lassen Sie die anderen auf Sie zukommen, wenn Sie nicht sicher sind, ob Sie noch einen Ratschlag hören wollen. Warten Sie, bis der andere fragt. Sie werden überrascht sein, wie oft Sie ein „Danke fürs Zuhören"

erhalten. Oder fragen Sie nach, ob die Person Ihre Meinung hören möchte?

Denken Sie daran, dass Sie Empathie nicht über Nacht entwickeln können, also stressen Sie sich damit nicht und geben Sie sich Zeit. Es ist ein Prozess und mit diesen zehn Hinweisen und Übungen sind Sie bereits auf dem besten Weg!

Zu viel Empathie – wann Empathie nachteilig wird

Womöglich fragen Sie sich nach all den Lektionen auch, ob Empathie nicht auch Grenzen haben sollte? Kann eine Person auch zu viel Empathie haben und woran äußert sich das?

Wie bei allem im Leben kann viel Empathie sich auch ins Negative umschlagen. Das gilt sowohl im Privatbereich als auch im Arbeitsleben. Zu viel Empathie wird dadurch erkenntlich, dass Sie die Bedürfnisse anderer ständig über Ihre eigenen stellen. Sie kennen Ihre Wünsche und Ansichten zwar gut, doch wenn Sie beispielsweise sehen, wie ein anderer Mensch leidet, nimmt Sie das selber so sehr mit, dass Sie Ihre eigenen Bedürfnisse kurzzeitig vergessen oder beiseiteschieben.

Als Führungskraft kann diese starke emotionale Überlastung dazu führen, dass Sie allzu schnell in die Defensive geraten. Sie müssen jedoch dazu in der Lage sein, auch Entscheidungen zu treffen, die von Ihren Mitarbeitern nicht gerne gesehen werden. In einigen Fällen müssen Sie womöglich sogar jemanden entlassen – keine schöne Aufgabe, erst recht nicht, wenn Sie sich dabei genauso schlecht fühlen wie der entlassene Mitarbeiter.

Daher ist es wichtig, Ihre Emotionen zu beobachten und zu erkennen, wenn die Emotionen anderer Überhand nehmen. Lassen Sie sich nicht verunsichern und sagen Sie sich stets, dass auch schwierige Entscheidungen zu Ihrem Job dazu gehören. Und als empathischer Mensch wissen Sie immerhin genau, wie Sie die Sache so charmant und gutmütig wie möglich verpacken.

Exkurs: Emotionale Intelligenz

Wissen Sie, was emotionale Intelligenz bedeutet? Das Thema wurde in den letzten Jahren wesentlich größer und immer mehr Unternehmen bezeichnen emotionale Intelligenz als eine wünschenswerte Eigenschaft. Sich mit emotionaler Intelligenz zu beschäftigen, ist entsprechend besonders für Führungskräfte besonders sinnvoll.

Der Begriff der emotionalen Intelligenz wurde im Jahr 1990 von den US-amerikanischen Sozialpsychologen John D. Mayer und Peter Salovey eingeführt. Sie beschrieben damit die Fähigkeit, die Gefühle der eigenen Person und fremder Personen wahrzunehmen, zu verstehen und sogar zu beeinflussen. Das Konzept basiert auf dem Kerngedanken der multiplen Intelligenzen, dem zufolge es neben der „klassischen" Intelligenz noch mehrere andere Arten von Intelligenz gibt. Dabei gilt die emotionale Intelligenz keinesfalls als Gegensatz zur klassischen Intelligenz, sondern ist vielmehr (wie andere Intelligenzen es auch sein sollen) ein weiterer Faktor bzw. eine Ergänzung dessen, was bis dato als Intelligenz bezeichnet wurde.

Als Hauptmerkmale der emotionalen Intelligenz gelten:

1. Das Wahrnehmen von Emotionen
2. Das Nutzen von Emotionen
3. Das Verstehen von Emotionen
4. Das Beeinflussen von Emotionen

Alle vier Merkmale beziehen sich sowohl auf die eigenen Emotionen als auch auf die anderer Menschen. Wer emotionale Intelligenz besitzt, zeichnet sich entsprechend auch durch ausgeprägte Empathie aus und weiß in der Regel auch, wie er diese Empathie sinnvoll einsetzen kann (beispielsweise, um ein bestimmtes Ziel zu erreichen oder soziale Bindungen aufrechtzuerhalten). Das Wahrnehmen von Emotionen beinhaltet u. a., Emotionen in Gesichtern und anhand der Körpersprache einer Person zu verstehen. Oftmals kann es so weit und intensiv werden, dass sogar Emotionen in Landschaften, Designs und anderen nicht-lebendigen Dingen zu identifizieren sind.

Das Nutzen von Emotionen bedeutet, dass die entsprechende Person die identifizierten Emotionen gezielt einsetzen kann, um bestimmte Aufgabenziele zu erreichen. Beispielsweise können emotionale Reaktionen auf bestimmte Stimuli verglichen werden oder deren Auftreten bei bestimmten (Denk-) Aufgaben. So kann eine Emotion gezielt bestmögliche Ergebnisse unterstützen. Das Verstehen von Emotionen beinhaltet nicht nur ein Erkennen der Emotionen oder ein Verständnis für das Auftreten derselben, sondern auch das Wissen über das Wechseln und hin und her Schwingen von Emotionen in bestimmten Situationen. Auch in komplexen Situationen können Emotionsgemische verstanden und entschlüsselt werden, was dazu führt, dass der Wechsel der Stimmungslage bereits frühzeitig erkannt werden kann. Aus all dem entwickelt sich schließlich auch die Fähigkeit eines eloquenten Beeinflussens der Emotionen. Wer Emotionen erkennen, nutzen und verstehen kann, kann in der Regel sogar seine eigenen Emotionen gezielt verändern – und meistens auch die anderer. Eine emotional intelligente Person kann beispielsweise Maßnahmen identifizieren, die zu einer emotionalen Veränderung führen oder sogar eine gezielte emotionale Stimmungslage einer anderen Person herbeiführen.

Nachdem der Begriff erstmals eingeführt wurde, machte ihn vor allem der US-amerikanische Psychologe Daniel Goleman berühmt. Dessen nähere Erklärungen prägen den emotionalen Intelligenz-Begriff noch heute. Seitdem wird auch in der Karrierewelt immer häufiger neben einem IQ von einem sogenannten EQ (emotionaler Intelligenzquotient) gesprochen. Golemans Konzept kennzeichnete insgesamt zwölf Kompetenzen, die emotionalen Intelligenz beinhaltet:

1. Emotionale Selbstwahrnehmung
2. Empathie
3. Organisationsbewusstsein
4. Optimismus
5. Leistungsorientierung
6. Anpassungsfähigkeit
7. Emotionale Selbstkontrolle
8. Inspirierende Führung
9. Teamwork
10. Coach und Mentor
11. Einfluss
12. Konfliktmanagement

Von außen wahrnehmbar – und daher oft karrierebeeinflussend – sind vor allem die Merkmale Selbstwahrnehmung, Empathie und der Umgang mit anderen Menschen, inklusive der Fähigkeit, Motivation zu erzeugen (sowohl bei sich selbst als auch bei anderen).

Ein hoher EQ wird seit Jahren gerade in Führungspositionen immer häufiger gewünscht. Sie erkennen bereits an der Liste der zwölf Kompetenzen, dass diese alle zu den mehr oder weniger offensichtlich populären Kompetenzen einer guten Führungskraft gehören. Der EQ drückt die innere emotionale Stärke aus und ist damit auch ein Indikator für Resilienz, d.h., der inneren Widerstandskraft, die dafür sorgt, dass auch Krisenzeiten gut überstanden werden können. Wer resilient ist, kann sich mit schwierigen Situationen besser auseinandersetzen und Krisen leichter überwinden als andere. Dies ist zweifellos eine Fähigkeit, die eine Führungskraft mit sich bringen muss, um auch in schwierigen Phasen Durchhaltevermögen zu zeigen und Ruhe zu bewahren, wenn beim Team Motivation und Laune sinken.

Der eloquente Umgang sowohl mit den eigenen Emotionen als auch mit denen der anderen kann in der Berufswelt großartige Vorteile erreichen. Als Leitungskraft kann es daher nicht schaden, die emotionale Intelligenz zu trainieren. Je besser Sie Emotionen verstehen und einsetzen können, desto leichter wird Ihnen der Umgang mit Ihren Mitmenschen fallen, sie zu motivieren, sie zu führen und zu inspirieren und ihre Stimmung ins Positive umschlagen zu lassen, wenn sie am Boden ist. Ein paar einfache Übungen, um Ihren EQ zu steigern, sind die folgenden:

1. Achtsamkeit üben. Über Achtsamkeit wird heutzutage immer häufiger gesprochen. Achtsamkeit bedeutet, voll und ganz im Hier und Jetzt zu sein, ohne in Gedanken an die Vergangenheit oder die Zukunft abzudriften und ohne zu bewerten. Das schärft das Bewusstsein und sorgt wissenschaftlich erwiesen für innere Sicherheit und Stabilität – die Basis für emotionale Intelligenz und die Kompetenz der Selbstregulierung bzw. Selbstkontrolle. Für mehr Achtsamkeit im Alltag brauchen Sie nicht viel. Nehmen Sie sich fünf Minuten Zeit und versuchen Sie, langsam und tief durchzuatmen und sich vollkommen auf die Details des jeweiligen Augenblicks zu konzentrieren. Wie fühlt sich Ihr Körper an? Wie ist die Luft um Sie herum? Wie geht Ihr Atmen? Was hören, riechen, fühlen, schmecken und sehen (wenn Sie die Augen offen lassen) Sie? Sie können sich dafür wie bei einer Meditation hinsetzen oder spazieren gehen. Ein guter Trick für den beschäftigten Alltag: Führen Sie die Übung während Ihrer Morgenroutine aus, beispielsweise während Sie auf den Wasserkocher für den morgendlichen Tee oder Kaffee warten. Schließen Sie die Augen und lauschen Sie dem Geräusch. Wichtig: Bewerten Sie nicht und schieben Sie alle störenden Gedanken an etwas anderes sacht beiseite. Eine derart kleine Übung können Sie jeden Tag einbauen und so ganz nebenbei für mehr Achtsamkeit im Alltag sorgen.

2. Lernen Sie, Ihre Emotionen anzunehmen. Viele Menschen neigen dazu, unangenehme Emotionen zu ignorieren und beiseitezuschieben. Wenn Sie Ihren EQ trainieren möchten, ist das jedoch wenig hilfreich. Um mit Emotionen gezielt umzugehen, müssen Sie zwangsläufig lernen, Ihre eigenen Emotionen zunächst zu akzeptieren und zuzulassen. Wenn Sie zu einem solchen ablehnenden Verhalten neigen, überprüfen Sie also das nächste Mal in einer unangenehmen Situation Ihre Emotionen und hören Sie ehrlich in sich hinein: Was empfinden Sie und warum? Sie können die gleiche Übung natürlich auch bei Emotionen anderer machen: Wenn Sie merken, dass Ihnen jemand ausweicht oder ablehnend ist, versuchen Sie, anhand seiner Körpersprache zu erkennen, welche Emotionen dahinter stecken.

Zu guter Letzt noch ein Hinweis: Der EQ hat einen sehr guten Ruf, bringt aber wie alles im Leben auch seine Schattenseiten mit. Wer mit Emotionen gekonnt umgehen kann, neigt womöglich leichter dazu, andere Menschen mithilfe der Emotionen zu manipulieren. Emotionale Intelligenz ist auch bei Narzissten häufig sehr ausgeprägt. Wer sich stetig darin übt, Emotionen anderer zu beeinflussen, kann leicht in eine Richtung abdriften, die Egoismus fördert. Das wiederum wird sich schnell negativ auf das Miteinander auswirken. Bleiben Sie also wachsam und übertreiben Sie es mit Ihren Übungen und Beeinflussungen nicht. Emotionale Intelligenz soll Ihre Karriere fördern und das gelingt nur, wenn Sie lernen, Beeinflussungen intelligent und in Maßen einzusetzen und das Erkennen der Emotionen für besseres Verständnis, Motivation und ein positives Miteinander nutzen.

Zuhören anstatt Anhören

Als gute Leitung müssen Sie lernen, Ihre Mitarbeiter nicht nur anzuhören, sondern ihnen ehrlich und aufmerksam zuzuhören. Kennen Sie den Unterschied?

Jeder Mensch kann anhören, aber nur wenige sind gute Zuhörer

Anhören bedeutet nicht mehr, als das Wort an sich sagt: Eine andere Person spricht, Sie hören sich das Gesprochene an. Anhören sagt nichts darüber aus, wie aufmerksam Sie dabei sind und ob Sie sich das Gesprochene zu Herzen nehmen werden.

Wenn wir davon sprechen, dass wir zuhören müssen, dann meinen wir, dass wir aufmerksamer anhören müssen und versuchen müssen, mehr Verständnis zu zeigen. Wenn ein Teammitglied zu Ihnen kommt, Feedback gibt, Fragen oder Sorgen hat oder sich mit einem Problem beschäftigt, dann hilft es nicht, wenn Sie sich die Worte nur anhören, ohne weiter zu helfen. Zeigen Sie Ihren Mitarbeitern lieber, dass Sie sie und ihre Meinung wertschätzen, und bleiben Sie aufmerksam. Lassen Sie sich nicht vom Handy oder Monitor ablenken und widmen Sie sich ganz dem Gesprächspartner. Wenn es um etwas Ernstes geht, sollten Sie nach Möglichkeit auch keine Anrufe zwischendurch annehmen. Bleiben Sie aufmerksam und geduldig. Beantworten Sie nach Möglichkeit alle Fragen und gehen Sie gezielt auf die genannten Argumente ein. Widerlegen Sie sie ruhig kurz und direkt, wenn Sie das Gefühl haben, dass das sinnvoll und notwendig ist. Das alleinige darauf Bezug nehmen zeigt Ihrem Gesprächspartner bereits, dass Sie dem Gespräch und seinen Argumenten aufmerksam gefolgt sind.

Nehmen Sie Feedback ernst und zeigen Sie, dass Sie sich mit Kritik auseinandersetzen, indem Sie wieder auf die Punkte zurückkommen oder Veränderungen erwirken, wenn sie notwendig werden. Zuhören schafft nicht nur Vertrauen und Sympathie, sondern sorgt für ein konstruktiveres und produktiveres Miteinander. Eine Leitung, die aufmerksam zuhört, vermittelt, dass sie nicht nur gerne führt, sondern auch gerne motiviert. Sie will sich nicht nur selber durchsetzen, sondern ebnet den Weg auch für nachfolgende Generationen und bestärkt das Team. Mitarbeiter einer solchen Leitung sprechen Probleme früher an, kommunizieren offener und leisten mehr und bessere Arbeit.

Übrigens hilft Zuhören Ihnen auch dabei, sich besser auf Dinge konzentrieren und fokussieren zu können und zu lernen, Unwichtiges von Wichtigem zu unterscheiden. Sie lernen also ganz nebenbei noch etwas, das Ihre eigene Arbeitsleistung steigern kann.

Sind Sie ein guter Zuhörer?

Ob wir uns als gute Zuhörer erweisen, können wir an zwei Dingen festmachen: Wir wissen, dass wir aufmerksam dabei waren und uns Details gemerkt haben, und wir erhalten von anderen das Feedback, dass wir gute Zuhörer sind. Um das Ganze noch ein wenig eindeutiger zu machen, hier ein paar Merkmale, an denen Sie deutlich erkennen können, ob Sie in puncto Zuhören noch Nachholbedarf haben oder bereits ein Profi sind:

1. Sie erhalten oft das Feedback, dass Sie ein guter Zuhörer sind, und Freunde und Familie vertrauen sich Ihnen häufig an, wenn Sie ein offenes Ohr brauchen.

2. Sie können zuhören, auch wenn Ihnen Kritik vermittelt wird, ohne sich dabei defensiv verteidigen zu wollen. Sollte ein Gespräch doch sehr stressig werden, sind Sie sich Ihrer Verhaltungsmechanismen bewusst (beispielsweise Beschwichtigungen, Schuldzuweisungen, Ablenkungen und Ignorieren).

3. Sie achten auf Emotionen und Körpersprache, wenn Ihnen jemand etwas erzählt, weil Sie wirklich daran interessiert sind, was in anderen Menschen vor sich geht. Sie besitzen außerdem ausreichend Empathie,

um die Gefühle nachzuvollziehen und zu verstehen (zumindest größtenteils).

4. Wenn etwas unklar ist, bitten Sie während des Gesprächs um Klarstellung oder nähere Erklärungen, anstatt sich „Ihren Teil zu denken" bzw. zu interpretieren.

5. Sie schenken Ihren Gesprächspartnern Aufmerksamkeit und lassen sich nicht von kleineren Zwischenfällen unterbrechen (beispielsweise, weil das Handy vibriert).

6. Sie unterbrechen die andere Person nicht, nur um Ihre eigene Meinung direkt einzubringen, sondern lassen sie in Ruhe ausreden, bevor Sie reden.

7. Sie können am Ende des Gesprächs über die Einzelheiten und Argumente nachdenken und könnten sie sogar widergeben, weil Sie genau aufgepasst haben, sich Dinge gemerkt haben und Sie die Position des Gesprächspartners verstanden haben.

Wenn alle sieben Punkte ehrlich auf Sie zutreffen, können Sie sich als ein guter Zuhörer bezeichnen. Das, was nicht auf Sie zutrifft, sollten Sie noch ein wenig üben. Je mehr Sie bejahen können, desto besser und desto näher sind Sie dran, ein guter Zuhörer zu sein/zu werden.

Zuhören verbessern – Übungen

Wie können Sie sich als Zuhörer verbessern? Es gibt ein paar einfache Übungen, um das Zuhören zu verbessern und anderen zu zeigen, dass Sie gut zuhören.

1. Schenken Sie dem Gespräch die volle Aufmerksamkeit

Zeigen Sie Ihrem Gesprächspartner während des Gesprächs, dass ihm Ihre ganze Aufmerksamkeit gewidmet ist. Entspannen Sie sich und die Atmosphäre. Sollte ein Mitarbeiter zu Ihnen ins Büro kommen, bieten

Sie ihm oder ihr einen Platz an, um zu signalisieren, dass Sie nicht durch das Gespräch hetzen wollen. Wer sitzen darf, ist direkt ruhiger. Schalten sie, sofern vorhanden, alle störenden Geräusche ab – also Radio oder Musik aus, schließen Sie das Fenster, falls es draußen lauten Straßen- oder Baustellenlärm gibt, und schließen Sie auch die Bürotür, auch wenn sie normalerweise offen steht. Das Schließen des Raumes signalisiert dem Gesprächspartner, dass er Ruhe haben wird und auch Vertrauliches für andere nicht zu hören sein wird. Gleichzeitig zeigt es allen anderen außerhalb des Raumes, dass gerade keine Störungen (es sei denn, sie sind dringend) erwünscht sind. Schauen Sie Ihren Gesprächspartner an und achten Sie auf Ihre Körperhaltung. Vermeiden Sie abweisende Gesten und bedenken Sie auch Ihre Mimik – Ihr Gesprächspartner wird ein permanentes Stirnrunzeln schnell bemerken und wahrscheinlich nicht so offen sein, wie er es im Idealfall wäre.

2. Zwingen Sie sich, ruhig zu bleiben

Auch wenn es anfangs aufgrund anderer Angewohnheiten nicht ganz einfach sein mag, zwingen Sie sich dazu, vorerst in Ruhe zuzuhören, nicht zu unterbrechen, nicht sofort in den Verteidigungsmodus zu wechseln und lassen Sie Ihren Gegenüber ausreden, bis er von selbst eine Pause macht. Nicken und kurze Signale, dass Sie dem Gespräch aufmerksam lauschen, sind natürlich erwünscht („Hmhm“).

3. Fragen Sie nach und wiederholen Sie

Sie haben Schwierigkeiten, etwas zu verstehen? Fragen Sie nach! Nutzen Sie Formulierungen wie, „Darf ich fragen, was Sie damit genau meinen?“, „Können Sie mir ein Beispiel dafür geben?“, und, „Ich möchte das richtig verstehen: Meinen Sie damit, dass...?“. Damit drücken Sie aus, dass Sie zwar noch nicht verstehen, was genau das Problem ist, aber durchaus interessiert daran sind, es zu begreifen. Wenn Sie lediglich „das versteh ich nicht“ in den Raum werfen, wird das den Gesprächspartner deutlich weniger motivieren, etwas zu erklären, und eher frustrieren. Indem Sie klarstellen, dass Sie sich durchaus eine nähere Erläuterung wünschen, fördern Sie die Kommunikationskultur. Fassen Sie gerne auch zusammen, was gesagt wurde, oder wiederholen Sie das Gesagte mit Ihren Worten. So beugen Sie Missverständnissen vor und signalisieren außerdem, dass Sie aufmerksam waren.

Nutzen Sie Formulierungen wie, „Wenn ich das richtig verstehe, dann…“, „An dieser Stelle nochmal zur Klärung – Sie sagen also, dass…“, „Ich fasse kurz zusammen…“, „Sie finden also…sehe ich das richtig?“, oder, „Mit anderen Worten, Sie brauchen…“. Tipp: Solche Formulierungen können auch eingeworfen werden, wenn Sie sehr sicher sind, dass Sie verstanden haben, was gesagt wurde. Schließlich gibt es immer ein kleines Restrisiko, dass es doch zu einem Missverständnis gekommen ist (und das Sie so aus dem Weg räumen können), und außerdem kann Ihr Gesprächspartner daran erkennen, dass Sie tatsächlich aktiv dabei waren. Alles gute Zuhören ist nur halb so wertvoll, wenn Ihre Gesprächspartner das nicht wahrnehmen.

4. Merken Sie sich Details und zeigen Sie, dass Sie sich Details merken

Kleine Details können wahre Wunder bewirken – auch wenn Sie in leichten Privatgesprächen oder Smalltalk aufkamen. Ein Kollege erwähnt, dass es seiner Großmutter nicht gut geht? Fragen Sie bei der nächsten Gelegenheit ruhig nach ihrem Befinden. Es wird positiv auffallen, dass Sie sich dieses Detail gemerkt haben und Interesse bekunden.

Eine Kollegin erwähnt, dass sie in der Urlaubszeit nach Salzburg fahren wird? Fragen Sie nach dem Urlaub ruhig gezielt, wie es in Salzburg war, anstatt sich allgemein nach dem Urlaub zu erkundigen. Auch hier wird positiv auffallen, dass Sie zugehört haben, wo es hin ging, und Interesse bekunden. Das Merken von Informationen gilt insbesondere für

Namen und wichtige Daten und Ereignisse. Das ist natürlich vor allem für wichtige Arbeitsgespräche notwendig, kann aber auch in Privatgesprächen geübt werden und ist auch für den Smalltalk im Arbeitsalltag sehr hilfreich. Versuchen Sie gezielt, beim nächsten Gespräch zumindest eine Information zu behalten, die Sie wieder aufgreifen können – gratulieren Sie zum Beispiel zum 50. Geburtstag in der folgenden Woche, fragen Sie nach, wie es der Tochter in der Universität gefällt, wie das Kundengespräch mit dem Kunden X gelaufen ist oder ob die Mannschaft das Fußballspiel gewonnen hat. Was immer es ist, es sollte etwas sein, das für den Gesprächspartner von Interesse und Bedeutung ist, denn dann bedeutet es umso mehr, wenn sich auch jemand anderes dafür interessiert.

Sprechen Sie die Menschen häufiger mit Ihrem Namen an. Moderne Psychologie zeigt, dass Menschen ihre eigenen Namen gerne hören und es als positiv wahrgenommen wird, wenn der eigene Name wiederholt wird. Fragen Sie beispielsweise gezielt: „Kann ich Ihnen einen Kaffee mitbringen, Frau X?“ (oder nutzen Sie den Vornamen, wenn dies bei Ihnen üblich ist), anstatt einfach nur, „Kann ich Ihnen einen Kaffee mitbringen?“. Ein charmantes „der neue Haarschnitt steht Ihnen gut, Herr X“ kommt besser an als ein „der neue Haarschnitt steht Ihnen gut“. Und selbst Arbeitsgespräche mit Mitarbeitern und Kunden werden angenehmer empfunden, wenn Namen involviert sind. „Frau Y, was meinen Sie dazu?“, „Herr Z, darf ich an der Stelle nochmal nachfragen…?“, „Guten Tag, Frau X, wie kann ich Ihnen heute weiter helfen?“.

Es mag anfangs ein wenig ungewöhnlich sein, doch die Wirkung ist groß. Wenn Sie einen Namen nicht sofort verstanden haben, können Sie ruhig nachfragen. Machen Sie das aber idealerweise direkt bei der ersten Vorstellung: „Guten Tag, es freut mich sehr, Sie kennenzulernen, Frau Y, richtig?“, oder, „Guten Tag, sehr erfreut. Verzeihen Sie bitte, darf ich nochmal nachfragen: X war der Name, richtig/wie lautet Ihr Name?“. Das signalisiert, dass Sie aufmerksam sind und sich den Namen merken möchten. Fragen Sie erst bei der nächsten Begegnung, kann Ihr Gesprächspartner das Gefühl bekommen, dass Sie es vergessen haben, weil Sie nicht aufmerksam waren. Namen zu wiederholen und zu nutzen, wirkt wahre Wunder!

5. Lassen Sie Pausen zu, bevor Sie vorschnell reagieren

Sie sind sich nicht sicher, wie Sie auf den Inhalt eines Gesprächs reagieren sollen? Dann nutzen Sie Pausen, um darüber nachzudenken. Antworten Sie nicht vorschnell, nur um sofort eine Antwort parat zu haben. Bitten Sie lieber um etwas Zeit, um darüber nachzudenken, wenn Sie das Gefühl haben, dass Sie verunsichert, hin- und hergerissen oder nicht ausreichend auf alle neuen Argumente vorbereitet sind – es lohnt sich mehr, etwas mehr Zeit für eine Antwort zu benötigen, als schnell etwas zu sagen, was später bereut werden muss. Dem Gesprächspartner wird damit auch vermittelt, dass Sie sich ausreichend zu Herzen nehmen möchten, was gesagt und besprochen wurde und nicht einfach nur um des Antworten Willens irgendeine Antwort aus dem Ärmel schütteln wollen.

Üben Sie diese fünf essentiellen Schritte so häufig wie möglich und das Zuhören wird Ihnen schon bald wesentlich besser gelingen.

Kritikfähigkeit, offener Umgang mit Feedback und ehrliche Kommunikation

Kritikfähigkeit ist im Rahmen einer produktiven Zusammenarbeit eines der absoluten A und Os. Kritik wird immer wieder notwendig werden – Fehler gehören schließlich zum menschlichen Dasein und jeder Arbeitsgestaltung dazu, Teammitglieder haben nicht immer die gleiche Meinung und manchmal stellt man sich ein Konzept in der Theorie ganz anders vor, als es in der Praxis aussieht.

Eine Führungskraft muss daher dafür sorgen, dass Kritik, Feedback und Kommunikation funktionieren.

Auch gilt als Erstes wieder: Sie müssen als Vorreiter fungieren. Auch die Leitung wird sicherlich mit Kritik konfrontiert, sei es von außen oder von innen. Sie müssen Ihren Mitarbeitern in dem Punkt ein Vorbild sein und zeigen, wie angemessen und vernünftig auf Kritik reagiert werden kann. Hören Sie die Kritik an, denken Sie darüber nach, entscheiden Sie, ob und inwieweit sie gerechtfertigt ist, und handeln Sie entsprechend. Kommunizieren Sie dieses Verhalten auch und erklären Sie, warum Sie wie auf die Kritik reagiert haben (erklären Sie Ihren Mitarbeitern beispielsweise, warum auf Kritik Veränderungen oder keine Veränderungen folgen).

Was Sie selber zeigen, dürfen Sie in diesem Punkt natürlich auch von Ihren Mitarbeitern verlangen: Kritikfähigkeit. Dazu gehört natürlich auch, dass Sie Kritik und Feedback allgemein vernünftig kommunizieren. Sie können schlecht auf Kritikfähigkeit bestehen, wenn Sie Ihr Feedback unverständlich, zu persönlich und unvollständig geben. Achten Sie darauf, dass Kritik stets konstruktiv und so zielgerichtet wie möglich stattfindet.

Das macht es Ihren Mitarbeitern nicht nur leichter, sie anzunehmen, sondern auch, zu verstehen, was verändert werden muss. Eine gute Führungskraft gibt außerdem auch positives Feedback weiter. Kritisieren, wo es angebracht ist, ist wichtig und notwendig, um Verbesserungen zu erreichen. Doch genauso wichtig ist positives Feedback. Auch das sollte natürlich authentisch und genau formuliert sein. Es hilft nicht, wenn Sie irgendwelche unbedeutenden Nebensächlichkeiten positiv hervorheben, nur um irgendetwas Positives zu sagen. Schauen Sie lieber, wo positives Feedback für gute Arbeit wirklich angebracht ist, und zeigen Sie Ihren Mitarbeitern, dass Sie sorgfältiges Arbeiten und Ideenreichtum erkennen und anerkennen.

Zusammenfassend bedeutet das: Kommunizieren Sie in allen Bereichen ehrlich und konstruktiv. Kommunikation sollte insgesamt stets auf einer respektvollen Ebene geschehen. Kommunizieren Sie mit Ihren Mitarbeiten so, wie es für ein Arbeitsverhältnis angemessen ist: Offen und ehrlich, respektvoll und auf die Arbeit bezogen, ohne persönliche Befindlichkeiten mit einzubringen. Das gilt für alle positiven wie auch die negativen Aspekte. Sorgen Sie dafür, dass Ihre Mitarbeiter bei Ihnen ein offenes Ohr für diese Art von Kommunikation finden und sich an Sie wenden können, wenn sie Fragen, Probleme, Feedback oder Sorgen haben. Je mehr und besser in einem Team kommuniziert wird, desto besser funktioniert die Zusammenarbeit. Daher sorgt eine erfolgreiche Leitung auch dafür, dass Kommunikation unter den Mitarbeitern gefördert und verbessert wird.

Mit Charme zum Erfolg

Wie wichtig ist Charme auf dem Weg zum Erfolg? Während einige Menschen diese Eigenschaft für vollkommen überflüssig halten, scheint sie für andere unerlässlich. Doch was stimmt? Und wie lässt sich Charme überhaupt feststellen oder gar erlernen? Heutzutage wird immer häufiger behauptet, Charme sei eine karrierefördernde Eigenschaft, gerade in Leitungspositionen.

Charme und Sympathie

Fakt ist, Charme macht einen Menschen bei vielen anderen sehr beliebt. Was als Charme bezeichnet wird, zeichnet sich vor allem durch eine hohe Anziehungskraft und eine nahezu bezaubernde Art aus. Diese Anziehungskraft sorgt oftmals dafür, dass Menschen, die als „charmant“ gelten, ihre Mitmenschen leichter überzeugen können. Das alleine kann die Arbeit tatsächlich erleichtern, denn Verhandlungsgespräche, Kundengespräche, Mitarbeitergespräche und im Grunde alle Arten von

Diskussionen gestalten sich wesentlich einfacher und erfolgreicher, wenn Sie ausreichend Überzeugungskraft mit sich bringen können. Menschen, die als charmant wahrgenommen werden, schaffen es außerdem meistens schneller, Kontakte zu knüpfen und Gespräche aufzubauen. Das bedeutet für das Berufsleben wiederum, dass Netzwerke leichter auf- und ausgebaut werden können, die in den weiteren Karriereschritten durchaus hilfreich sein können. Charme kann im Berufsleben also durchaus als wünschenswerte Eigenschaft gelten. Obwohl „Charme" häufig als eigenes Wesensmerkmal gilt, stecken hinter dem Begriff im Grunde mehrere Wesenseigenschaften, die dieses Merkmal ausmachen.

Eigenschaften, die unweigerlich zum „Charme" dazu gehören, sind Authentizität und Eloquenz, gute Manieren, Empathie und häufig eine Spur Spontanität, Geheimnis, Großzügigkeit und „Sexappeal". Teilweise geht „Charme" auch mit einer Spur Glamour oder Überraschung einher, die aber niemals zum Nachteil des Gegenübers austritt. Die erste Schwierigkeit des Begriffes Charme zeigt sich also direkt an der Vielseitigkeit und der Menge der diesem Merkmal zugeschriebenen Eigenschaften. Charmante Menschen werden nicht selten auch deshalb als solche wahrgenommen, weil sie ihrem Gegenüber das Gefühl geben, ihnen Aufmerksamkeit zu schenken, gut zuzuhören und sich für sie zu interessieren. Das resultiert häufig aus der Empathie und Sozialkompetenz dieser Menschen. Sie erkennen die Situation und die Gefühlslage schnell und können mit gewitzten Antworten entsprechend gut auf den Moment reagieren.

Als „charmant" werden neben all den positiven Merkmalen außerdem auch liebenswürdige „Fehler", Ecken und Kanten und Marotten bezeichnet. Wer also nach all den Eigenschaften zunächst denkt, Charme bedeutet „aalglatt" und „Everybody's Darling" zu sein, irrt. Charmante Menschen zeichnen sich gerade dadurch aus, dass sie authentische Makel zeigen, die nicht weiter tragisch, aber eben auch nicht „perfekt" sind.

Ein charmanter Mensch ist sympathisch, gerade, weil er nicht aalglatt ist. Bemerkenswert an dem Begriff Charme ist zudem, dass dies eine Eigenschaft ist, die in 99 % der Fälle nur von außen zugesprochen werden kann. Ob jemand charmant ist, beurteilen andere, nicht wir selbst, denn diese Eigenschaft ist ganz und gar abhängig von der Außenwirkung, die wir erzielen. Genau dort zeigt sich auch das zweite Problem des Begriffs Charme: Ob jemand als charmant wahrgenommen wird, ist sehr subjektiv.

Was für den einen bereits als überzogen, überheblich, lächerlich oder aufgesetzt ankommt, kann für den anderen noch als sehr charmant durchgehen. Menschen nehmen diverse Verhaltensweisen sehr unterschiedlich wahr. Während Sie sich unter einem charmanten Mann womöglich einen klassisch gekleideten Gentleman, der Damen die Tür aufhält und einen Espresso trinkt, vor Augen haben, stellt sich Ihr Nachbar vielleicht einen etwas wilderen Musiker vor, der am Lagerfeuer Gitarre spielt und eher als Frauenaufreißer gilt. Sie hören vielleicht das Wort „Charme" und denken an eine Frau in einem eleganten roten Kleid, die sich selbstbewusst, unabhängig, aber ein wenig erotisch zeigt und Ihr Nachbar sieht vor seinem geistigen Auge eine Frau in Jeans und Cardigan, die klug, witzig und vielleicht sogar ein wenig tollpatschig ist (tollpatschig gilt nicht selten als ein „charmanter Fehler"). Was als charmant wahrgenommen wird, hängt sehr viel davon ab, was der jeweilige Mensch sympathisch findet. Charme baut nicht auf Attraktivität auf, obgleich Schönheit bei vielen Menschen für stärkere Sympathie sorgt (wobei auch das, was als schön wahrgenommen wird, wieder sehr subjektiv ist).

Übung: Mehr Charme für mehr Erfolg

Wie können Sie also dafür sorgen, dass Sie als charmanter wahrgenommen werden? Einer der ersten Übungen heißt ordentlich zuhören und Blickkontakt halten! Je aufmerksamer Sie einem Gespräch folgen, desto besser können Sie auf die Worte Ihres Gegenübers – oder auch auf zukünftige Situationen – reagieren. Jedes Gespräch kann auch Informationen beinhalten, die Sie an anderer Stelle wieder aufgreifen können (Sie erinnern sich: Fragen Sie beispielsweise danach, wie es der kranken Großmutter mittlerweile geht, wenn das im letzten Gespräch aufkam). Blickkontakt ist wichtig, um dem Gesprächspartner zu zeigen, dass Sie an ihm und dem Gespräch ehrlich interessiert sind und in Gedanken nicht bereits ganz woanders sind. Auch das Namensspiel ist bereits aus dem Abschnitt „Zuhören" bekannt: Merken Sie sich die Namen Ihrer Gesprächspartner und nach Möglichkeit auch der Personen, die in Ihrem Gespräch vorkamen. Ein Beispiel: Ihre Kollegin erwähnt, dass es ihrer Schwester Tanja nicht so gut geht. Gerade, wenn Sie im weiteren Gesprächsverlauf mehrfach „Tanja" anstatt „meine Schwester" sagt, sollten Sie sich den Namen merken. Wenn Sie sich nach dem Befinden von Tanja erkundigen, wird das – wenn auch unbewusst – deutlich positiver auffallen, als wenn Sie nach dem Befinden der „Schwester" fragen (auch wenn Sie damit an sich natürlich nichts falsch machen).

Zeigen Sie sich offen, sowohl in Ihrer Art als auch mit Ihrer Körperhaltung und Gestik. Versuchen Sie, verkrampfte Gesten und Körperhaltungen zu vermeiden. So wirken Sie direkt freundlicher und sympathischer. Das bedeutet: Verschränken Sie Arme nicht, zeigen Sie die Hände, wenden Sie sich mit dem ganzen Körper Ihrem Gesprächspartner zu und lächeln Sie freundlich. So simpel es sich auch anhören mag, so effektiv ist es auch!

Versuchen Sie, authentisch zu bleiben, stehen Sie zu Ihren Fehlern und gestehen Sie sich auch Schwächen ein. Stärke und Kraft zu zeigen ist viel weniger charmant, als viele Menschen denken. Oftmals wirkt Bescheidenheit viel charmanter. Sparen Sie sich also das falsche Selbstbewusstsein und bleiben Sie auf dem Boden. Nehmen Sie sich selbst auch nicht zu ernst – Ihnen ist ein Missgeschick passiert? Wenn Sie das mit

Humor und Witz nehmen können, wirkt das auf andere Menschen viel anziehender, als wenn Sie ganz ernst bleiben oder sich gar darüber aufregen.

Seien Sie nicht zurückhaltend mit ehrlichen Komplimenten. Viele Menschen sind zu schüchtern oder denken gar nicht groß darüber nach, ehrliche Komplimente zu machen, dabei ist es so effektiv: Ein kleines, aber aufrichtiges Kompliment kann einem anderen Menschen den Tag innerhalb einer Sekunde verbessern und Sie werden der Person sicherlich positiv in Erinnerung bleiben. Übertreiben Sie es nicht und bleiben Sie ehrlich bei Ihren Komplimenten – erfinden Sie nichts, nur um auf Teufel komm raus ein Kompliment zu machen. Denken Sie stets daran, dass es beim Charme auch um Ehrlichkeit und Authentizität geht.

Damit geht schließlich auch einher, dass Sie in einem Maße zu sich selber und Ihren Ideen stehen – wer Rückgrat beweist, der kommt bei anderen Menschen viel eher als charmant an, als einer, der versucht, es jedem recht zu machen. Rückgrat beweisen Sie auch, wenn Sie sich für andere stark machen, sofern es angebracht ist oder Sie Ihr eigenes Team, Ihre Familie und Freunde usw. verteidigen. Stehen Sie zu sich und dem, was Ihr Leben und Ihre Welt ausmacht.

Zu guter Letzt sollten Sie sich noch einmal Gedanken über Ihr Auftreten machen. Bleiben Sie stets höflich und freundlich, zeigen Sie Offenheit und pflegen Sie gute Manieren. Reichen Sie Ihrem Gegenüber die Hand zur Begrüßung und stellen Sie sich ordentlich vor. Halten Sie Blickkontakt während des Gesprächs, unterbrechen Sie nicht und achten Sie auf Ihre Tischmanieren. Bedenken Sie, dass ein gepflegtes Äußeres ebenfalls viel Wirkung hat. Sie müssen nicht top gestylt sein, sich nicht schminken oder rasieren oder ständig zum Friseur gehen – doch achten Sie darauf, Ihrem Business und Ihrer Branche entsprechend angezogen zu sein, wählen Sie saubere und frische Klamotten und geben Sie sich bei besonderen Anlässen ruhig etwas mehr Mühe. Die Veranstalter und Ihre

Begleiter werden es wertzuschätzen wissen, dass Sie den Anlass bzw. die Veranstaltung wertzuschätzen scheinen.

Bis Sie jemand als charmant wahrnimmt oder offen so bezeichnet, kann es eine Weile dauern – Sie können nicht erwarten, von heute auf morgen als der neue Charmeur schlechthin verschrieben zu werden. Aber Sie werden merken, dass sich die kleinen Veränderungen mit der Zeit lohnen werden!

Digitale Welten

Das moderne Zeitalter verlangt auch die Umstellung auf moderne Arbeitsmethoden und den Einsatz neuer technologischer Möglichkeiten. Digitales Arbeiten gehört dabei ganz vorne mit dazu. Es ist mittlerweile kaum noch vorstellbar, ein Unternehmen ohne den Einsatz neuerer Technologien und digitaler Kommunikation zu führen. Da sich die wissenschaftlichen Erkenntnisse und Entwicklungen jedoch rasant ändern und weiterbilden, kann es schnell notwendig werden, sich auch weiterhin und zukünftig auf neue Methoden und Technologien einzulassen. Doch wie weit müssen Sie damit wirklich gehen? Und wann dürfen Sie sich auf altbewährte Technologien berufen?

Der Spagat zwischen bewährten Methoden und neuen Mitteln ist auch hier kein leichter. Fakt ist, dass globales und internationales Agieren immer mehr an Bedeutung gewinnt. Immer häufiger wird ein Umstieg in verschiedenen Arbeitsbereichen auf digitale Optionen gewünscht. Inwieweit und wo genau das für Sie wichtig und sinnvoll ist, kommt natürlich zu einem großen Teil auf Ihr Unternehmen, Ihr Team und Ihre Kunden an. Stellen Sie sich dazu vor allem die folgenden Fragen:

1. Wo sitzen meine Kunden und Geschäftspartner und wie einfach ist es für sie, Sie/das Unternehmen zu erreichen?

2. Wo wünschen sich die Teammitglieder Veränderungen und einen Umstieg auf digitales Arbeiten?

3. Wo könnten digitale Möglichkeiten mir persönlich die Arbeit erleichtern und verbessern?

Und vergessen Sie nicht, auch immer die Kehrseiten zu beleuchten. Manche digitalen Möglichkeiten haben, so einfach und sinnvoll sie sich zunächst auch anhören, auch den einen oder anderen Haken. Sie können viel Energie, einen teuren Umstieg auf neue Geräte, eine große Umstrukturierung, Datenschutzprobleme und einiges andere mit sich bringen, auf das Sie nicht vorbereitet sind. Bevor Sie von heute auf morgen auf eine neue Möglichkeit, ein neues Gerät, ein neues System umsteigen, sollten Sie also alle Details gut durchdenken und sich mit dem Kosten-Nutzen-Faktor beschäftigen.

Ein Beispiel: Während die ganze Welt davon spricht, auf digitale Organisation umzusteigen, muss jedes Unternehmen zunächst herausfinden, ob dies für das Unternehmen selbst wirklich Sinn ergibt. Ein großes Unternehmen mit einer Vielzahl von Aktenordern aus mehreren Abteilungen und Mitarbeitern, die dazu in der Lage sein müssen, auf eine Vielzahl von Informationen (auch aus der Vergangenheit) zurückzugreifen, wird die digitale Umstellung wahrscheinlich begrüßen. Ein Unternehmen, dass aus einem kleinen Familienbetrieb besteht und nicht vor hat, zu expandieren, braucht sich damit wiederum kaum beschäftigen.

Ein anderes Beispiel: Sie arbeiten in einer Branche, in der Ihre Zielgruppe Jugendliche und junge Erwachsene sind? Dann sind Social Media-Präsenzen und der Einsatz verschiedener digitaler Werbemöglichkeiten sicherlich eine kluge Idee. Ihre Zielgruppe sind hingegen ältere Mitmenschen ab einem Alter von 60 aufwärts? Dann ist es vielleicht (zumindest heute noch) ratsamer, auf altmodische Werbeplattformen und Kommunikationsmittel zu setzen. Auch dabei muss natürlich beachtet werden, dass sich dies in einigen Jahren wieder verändern kann. Die

Generation, die in 40 Jahren zur Generation 60+ gehört, ist mit Social Media aufgewachsen und viel mehr an Technologien gewöhnt (gleichwohl ist heute kaum noch abschätzbar, inwieweit sich die digitalen Welten in Zukunft weiterentwickeln und welche neuen oder altbewährten Möglichkeiten uns in Zukunft zur Verfügung stehen). Wenn Sie erfolgreich mit der Zeit gehen wollen, müssen Sie wissen, wie Sie solche Umstände ausreichend beachten können.

Grundsätzlich lässt sich festhalten, dass gerade für größere Unternehmen digitale Möglichkeiten zur Arbeitsverbesserung beitragen können. Sie schaffen eine größere Reichweite und sorgen dafür, dass internationales Vernetzen und Agieren problemlos möglich ist. Dazu kommt, dass heutzutage viele Menschen vermehrt nach Möglichkeiten, von zuhause aus zu arbeiten, suchen. Sie sehnen sich danach, flexibel zu sein, mehr Zeit zuhause für Kinder oder Haustiere zu haben oder nicht darauf angewiesen zu sein, jeden Tag einen weiten Arbeitsweg auf sich nehmen zu müssen.

Auch die Möglichkeit des Home Offices wird vorwiegend durch digitales Arbeiten erleichtert. Als Leitung ist es Ihre Aufgabe, zu erkennen, ob und inwieweit das Arbeiten vom eigenen Zuhause aus für Ihre Mitarbeiter sinnvoll ist und ermöglicht werden sollte. Nutzen Sie die Möglichkeiten digitaler Kommunikation, um Ihrem Team mehr Freiheiten einzuräumen. Das bedeutet aber für Sie auch, dass Sie lernen müssen, digital zu agieren. Weiterbildungen und Seminare können gute Möglichkeiten sein, mehr über digitales und virtuelles Führen zu erfahren. Es gibt viele Methoden, die Sie in Ihrem Unternehmen umsetzen können. Bedenken Sie, dass auch hier nicht jede Veränderung von heute auf morgen geschehen kann, doch wenn Sie sich langsam an digitale Möglichkeiten herantasten und offen für die Veränderungen der Moderne bleiben, sind Sie bereits auf dem besten Weg, das neue Zeitalter optimal für sich zu nutzen.

Modern Leading – mit modernen Methoden zum Erfolg

Modern Leading setzt sich nicht nur aus einer Reihe neuer, wertzuschätzender Fähigkeiten und Kenntnisse zusammen. Modern Leading bedeutet auch, neue Methoden zu kennen, verbesserte Strategien zu entwickeln und moderne Hilfsmittel gezielt einzusetzen, um Verbesserungen im Unternehmen zu erhalten. In den folgenden Abschnitten werden Sie daher lernen, welche Methoden den Erfolg des Modern Leading ausmachen und was Modern Leading in der Praxis bedeutet.

NEUE GRUNDSÄTZE – DAFÜR STEHT MODERN LEADING

Modern Leading folgt einigen neuen Grundsätzen. Viele Ansichten und ungeschriebene Regeln, die früher selbstverständlich waren, sind mittlerweile veraltet und überholt und eher kontraproduktiv als zielführend. Gleichzeitig beinhaltet Modern Leading auch den Spagat zwischen modernen und altbewährten Konzepten.

Neue Grundsätze gehen oftmals mit neuen Möglichkeiten und neuen Arbeitsweisen einher. Sie haben gerade über die neuen digitalen Möglichkeiten und Technologien gelesen und darüber, wie wichtig es ist, offen für diese Errungenschaften des modernen Zeitalters zu bleiben. Zu den neuen Grundsätzen gehört aber nicht nur, dass Sie offen für neue Techniken und Mittel bleiben müssen.

Es bedeutet, dass Sie offen für neue Ansichten und veränderte Perspektiven auf die Person der Leitung bleiben sollen. Modern Leading bedeutet, sich nicht mehr nur auf das Altbewährte zu verlassen und neue

Grundsätze anzuerkennen oder selber zu schaffen. Geben Sie neuen Arbeitsweisen eine Chance, lesen Sie neue Studien über das Führen eines Unternehmens und bilden Sie sich weiter. Bleiben Sie stets auf dem aktuellen Stand – die Welt verändert sich in einem rasanten Tempo und was heute noch aktuell ist, kann in wenigen Jahren als überholt oder wissenschaftlich widerlegt gelten. Auch wenn Sie heute glauben, die wichtigsten Grundsätze des Modern Leading erfasst zu haben, dürfen Sie nicht vergessen, dass der allerwichtigste Grundsatz lautet, dass Sie aufgeschlossen für neue Erkenntnisse sein müssen.

Modern Leading bedeutet, mit der Zeit zu gehen. Beachten Sie den aktuellen Zeitgeist und überlegen Sie sich stets, wie neue Erkenntnisse in Ihrem Unternehmen Anwendung finden können. Behalten Sie auch einen Blick für das Miteinander und die Produktivität in Ihrem Unternehmen – Sie werden schnell lernen, zu erkennen, wann sich Strategien in Ihrem Team bewähren und wann Veränderungen herbeigeführt werden müssen.

Modern Leading beinhaltet schließlich noch eine ganz wichtige Botschaft: Es zählt nicht mehr nur das Hier und Jetzt des Unternehmens, sondern auch die Zukunft und die nachfolgenden Generationen. Nachhaltig Führen könnte man auch sagen – das bedeutet, von einem modernen Leader wird heute nicht mehr nur erwartet, dass er sein Unternehmen in seiner Ära so leitet, wie er es möchte, sondern dass er es schafft, eine gute Basis für die nachfolgenden Leader und Teams zu bilden.

Das bedeutet wiederum, dass das Schaffen einer nachhaltigen Vision und das Motivieren zukünftiger Leader umso wichtiger ist. Sie wollen nicht mehr nur eine Respektperson sein – Sie wollen ein Vorbild werden!

MODERNE FÜHRUNGSSTILE - WO SEHEN SIE SICH?

In der Unternehmenswelt lassen sich diverse Führungsstile voneinander unterscheiden. Gerade in unserer Zeit kann es hilfreich sein, sich damit etwas näher zu befassen. Wo sehen Sie sich? Welcher Führungsstil sagt Ihnen zu und entspricht am besten Ihren Fertigkeiten und Ihrer Persönlichkeit? Lernen Sie die Unterschiede kennen und welche Bedeutung ein konsequenter Führungsstil hat (im positiven und negativen Sinn), damit Sie zukünftig daran arbeiten können, Ihren eigenen Leitungsstil zu entwickeln.

Was kennzeichnet einen Führungsstil?

Um die Frage des Führungsstils zu klären, sollten Sie zunächst verstehen, was genau mit dem Begriff „Führungsstil" gemeint ist. Was kennzeichnet einen Führungsstil? Im Allgemeinen beschreibt der Führungsstil das Verhalten der Leitungsinhaber in dieser Leitungsposition. Das beinhaltet sowohl das Verhalten gegenüber den Mitarbeitenden (Einzelpersonen wie Gruppen und Teams) als auch die persönliche Grundhaltung der Leitungskraft auf das Führen als solches bezogen.

Während eine Leitungskraft knappe, aber deutliche Ansagen bevorzugt, die im Idealfall nicht wiederholt werden müssen, hat die nächste Führungskraft kein Problem damit, das eine oder andere Mal nachzufragen, zu erinnern oder neu zu besprechen, wie es weiter gehen soll, weil ihr ein aktives Miteinander wichtiger ist als autoritäres Verhalten. Jede Führungskraft ist anders und verhält sich ihrer Grundeinstellung entsprechend. Die Kunst einer guten Führungskraft liegt darin, abseits der persönlichen Vorlieben auf bewährte Muster und Stile zurückgreifen zu können. Hinzu kommt, dass Mitarbeiter nicht immer gleich geführt werden können. Während Mitarbeiter X sich so lange an die erste Ansage hält, bis er eine neue bekommt, wird Mitarbeiter Y womöglich früher skeptisch, fragt nach oder wünscht sich, dass die Leitung einen Zwischenstand begutachtet, um sicher zu stellen, dass der Pfad noch der richtige ist. Mitarbeiter X mag vielleicht klare Vorgaben und genaue Ansagen, während Mitarbeiter Y womöglich besser mit etwas mehr Freiheit arbeitet.

Die Kunst der Unternehmensführung liegt auch darin, diese individuellen Unterschiede zu erkennen, zu verstehen und einen guten Zwischenweg zu finden. Es gibt im Grunde keinen „besten" oder vollkommen „falschen" Führungsstil, denn sowohl Mitarbeiter als auch Führungskräfte sind individuelle Persönlichkeiten mit verschiedenen Bedürfnissen. Welcher Führungsstil sich letztlich am besten eignet, hängt sehr von den Individuen und den gemeinsamen Werten und Zielen ab. Zur besseren Orientierung werden Ihnen im Folgenden die näher bekannten Führungsstile, ihre Merkmale sowie Vor- und Nachteile erläutert.

Die verschiedenen Führungsstile – womit können Sie sich identifizieren?

Es gibt mehrere Konzepte über die verschiedenen Führungsstile. Einer der Klassiker ist das Konzept des deutschen Soziologen Max Weber, der vier verschiedene Führungsstile voneinander unterscheidet:

1. Der autokratische Führungsstil
2. Der patriarchalische Führungsstil
3. Der charismatische Führungsstil
4. Der bürokratische Führungsstil

• Der **autokratische Führungsstil** basiert, wie der Name schon erkennen lässt, auf dem Prinzip der Alleinbestimmung (ein Autokrat ist ein Alleinherrscher). Die Leitungskraft trifft dabei grundsätzlich alle

Entscheidungen alleine und Mitspracherecht haben die Mitarbeitenden kaum oder gar nicht. Dieses Konzept wurde vor allem früher als vorteilhaft wahrgenommen, weil noch strengere Hierarchie-Vorstellungen bestanden. Positiv kann auch heute noch sein, dass die Mitarbeitenden keinen Entscheidungsdruck haben und dass Entscheidungen schnell und eindeutig getroffen werden können, wenn es notwendig wird, weil keine vorangehenden Teamdiskussionen vorhanden sind. Nachteilig ist, dass dieser Führungsstil keinen Platz für Freiraum, Mitsprache und Kreativität der Mitarbeitenden lässt – also ganz anders, als Modern Leading es vorsieht.

- Der **patriarchalische Stil** ist dem autokratischen sehr ähnlich und beschreibt einen Stil, bei dem der Chef ebenfalls Alleinherrscher ist, sein Selbstverständnis dessen jedoch ähnlich wie der Rolle eines altmodischen Familienvaters von einem Verantwortungsgefühl für das Team geprägt ist (anders als beim autokratischen, dessen Selbstverständnis eher von einer Machtposition geprägt ist). Auch hier gibt es jedoch viel zu wenig Freiheit und Gemeinschaftsgefühl für Modern Leading.

- Der **charismatische Stil** beschreibt einen Stil, bei dem Charisma und ggf. auch leichte Manipulation eingesetzt werden, um die Mitarbeitenden dahin zu bewegen, wo der Chef sie haben möchte. Dieser Stil zeichnet sich dadurch aus, dass die Teammitglieder meistens gar nicht bemerken, dass sie auf diese Art zu Handlungen und Entscheidungen bewegt werden. Mitspracherecht wird hier meistens mehr vorgetäuscht als tatsächlich vorhanden. Hier besteht eine große Gefahr der negativen Manipulation (dazu später mehr). Allerdings sind die Mitarbeiter in einem Team mit einer charismatischen Führungskraft häufig motivierter und zufriedener und haben immerhin mehr Freiraum für Kreativität als in den erstgenannten Fällen.

- Im **bürokratischen Stil** werden die Strukturen und Systeme in den Vordergrund gestellt. Die Person der Führungskraft steht nicht aufgrund ihrer Persönlichkeit im Mittelpunkt, sondern aufgrund ihrer jetzigen Position. Alles folgt klaren Regeln und die Person selber ist austauschbar. Entscheidungstreffungen verfahren nach routinierten Mustern und Vorschriften. Der Vorteil ist, dass hier keine Willkür der Leitungskraft bestimmt, sondern lediglich die Richtlinien. Der Nachteil ist, dass Flexibilität und Kreativität keinen Spielraum haben.

Neben dem Modell von Max Weber ist auch das Modell des Psychologen Kurt Lewins ein Klassiker. Nach diesem Prinzip werden Führungsstile in drei Kategorien eingeteilt:

1. Der autoritäre oder hierarchische Führungsstil
2. Der demokratische oder kooperative Führungsstil
3. Der Laissez-fair-Führungsstil

• Der **autoritäre** bzw. **hierarchische Führungsstil** beschreibt dabei das gleiche Konzept wie der autokratische: Es gibt einen Alleinentscheider und keinen Platz für Kritik und Mitsprache.

• Der **demokratische Stil** sieht mehr Mitsprache vor. Das steckt schon im Namen dieses Stils: Eine Demokratie ist durch Volksherrschaft gekennzeichnet. So, wie in der demokratischen Staatsform das Volk direkt oder indirekt die Macht haben soll, zeichnet sich der demokratische Führungsstil eines Unternehmens durch Mitbestimmung seitens der Mitarbeiter und Machtteilung aus. Es wird auf ein Miteinander gesetzt, auf Motivation, aber auch auf den Raum für das Delegieren und gleichmäßige Verteilen von Aufgaben wird gesetzt. So haben die Teammitglieder mehr Mitspracherecht, allerdings kann das auch zu langen Diskussionen und Verzögerungen in Entscheidungsprozessen führen.

• Der **Laissez-Fair-Stil** schließlich ist der Stil, der die meisten Freiheiten zulässt. Laissez-faire kommt aus dem Französischen und bedeutet wörtlich „machen lassen". Entsprechend zeichnet sich dieser Führungsstil durch viele Handlungsfreiheiten aus. Mitarbeitende bekommen besonders viel Freiraum für Kreativität und Entscheidungsspielraum, Vorgesetzte greifen kaum ein, bestrafen nicht, helfen aber auch nicht bei Problemen. Neben der positiven Wirkung auf die Entfaltungsfreiheit der Mitglieder hat dieser Stil jedoch den Nachteil, dass sich schnell Chaos und Kontrollverlust einstellen können. Wenn es kaum Kontrollen gibt, entstehen schnell verstärkte Rivalitäten und Unstimmigkeiten. Dieser Führungsstil missachtet an einigen Stellen also die Grundaufgaben einer Führungsposition, wie etwa Strukturgeben, Organisieren und Delegieren.

Fazit zu den Führungsstilen – was ist „gut" und „modern"?

Alle Führungsstile haben ihre Vor- und Nachteile. Haben Sie sich selber irgendwo wieder erkannt? Oder vielleicht in einer Mischung aus zwei Stilen? Wer konsequent eine ganz bestimmte Linie fahren will, folgt oftmals streng den Vorstellungen eines Konzeptes. Dabei darf jedoch nicht außer Acht gelassen werden, dass eine Führungskraft viele verschiedene Funktionen erfüllen muss: Sie muss Vorbild, Motivator, Mentor, Koordinator, Organisator, Inspektor und Moderator sein können. Das alles ist mit einem der klassischen Führungsstile kaum gegeben. Auch Weber und Lewins haben nie festhalten können, welcher Stil der beste sei. Fakt ist, dass alle ihre Vor- und Nachteile haben und oftmals eine gute Mischung das Beste ist. Die Führungsstile mit ihren Merkmalen sowie Vor- und Nachteilen zu kennen, wird Ihnen dabei helfen, den passenden Weg für sich selbst zu finden und sich über die jeweiligen Folgen Ihrer Handlungsweise besser im Klaren zu sein.

Direkte und indirekte Führungsmittel

Neben den verschiedenen Führungsstilen werden auch sogenannte Führungsmittel unterschieden. Führungsmittel sind Instrumente, die von einer Führungskraft eingesetzt werden, um gemeinsam mit den Mitarbeitenden erfolgreich zu sein. Sie sind Ausdruck des Führungsverhaltens der Leitung. Grundsätzlich werden zwei Kategorien voneinander unterschieden: Die direkten und die indirekten Führungsmittel.

Direkte Führungsmittel sind solche, die direkten Einfluss auf das Verhalten der Mitarbeiter nehmen. Dazu gehören klassischerweise Mittel wie Lob und Anerkennung, Kritik und Feedback, lenkende Fragen, Mitarbeitergespräche, Zielvereinbarungen, Argumentieren, Transparentmachen der Leistungen, Delegieren von Aufgaben und Verantwortung, Manipulation und Verhandlungen. Direkte Führungsmittel können – richtig eingesetzt – sehr wirksam sein. Lob beispielsweise kann sich extrem motivierend auswirken und Mitarbeitende so effektiv bei der Stange halten. Direkte Führungsmittel sorgen außerdem für eine direkte bzw. persönliche oder auch individuelle Führung, die sich durch direkte Interaktion auszeichnet. Dazu gehören beispielsweise Seminare, Fortbildungen und persönliche Gespräche.

Daneben gibt es die indirekten Führungsmittel, die nur indirekten Einfluss auf das Verhalten der Mitarbeitenden nehmen, beispielsweise, indem sie den Arbeitsplatz bzw. das System gestalten, was sich dann wiederum auf die Mitarbeiter auswirkt. Indirekte Führungsmittel sind u. a. Personalwahl und Beförderung, Teamentwicklung, Anreize und Kontrollsysteme, Arbeitsklima, Unternehmensgeschichte sowie ihre Wahrung und Erzählung. Die indirekten Führungsmittel finden im Rahmen einer indirekten Führung statt, in der insbesondere strukturelle Maßnahmen und Rahmenbedingungen genutzt werden. Dazu gehören Verfahrensvorschriften, Stellenbeschreibungen sowie Anreizsysteme und Prämien. Häufig werden indirekte Führungsmittel vernachlässigt, weil es einfacher ist, an die direkten zu denken. Direkte Führungsmittel zeigen außerdem häufiger einen sofortigen und unmittelbaren Effekt, während viele indirekte Führungsmittel auf Langzeitfolgen konzentriert sind. Doch indirekte Führungsmittel sind nicht nur sehr wirksam, sondern auch sehr nachhaltig. Zudem besteht weniger Risiko, sie unprofessionell einzusetzen als die direkten Führungsmittel, bei denen das Risiko eher vorhanden ist. Es empfiehlt sich daher, im Allgemeinen auf eine gute Mischung aus direkten und indirekten Führungsmitteln zurückzugreifen.

Übung: Versuchen Sie, jeweils 5 bis 10 konkrete direkte und indirekte Führungsmittel zu benennen, die Sie in Ihrem Unternehmen anwenden können (beispielsweise für einen sehr guten Bericht ein persönliches Lob aussprechen).

EXKURS: EIN UNTERNEHMEN WIE EINE FAMILIE LEITEN

Familiengemeinschaften und Unternehmensgemeinschaften haben wesentlich mehr miteinander gemeinsam, als viele Menschen denken. Obwohl sie unterschiedlichen Gegebenheiten entsprungen sind, verbinden sie gleiche Notwendigkeiten, Strukturen und Grundsätze. Entsprechend ist es wenig erstaunlich, dass sich Unternehmen und Familien mit ähnlichen Werten und Grundsätzen leiten lassen können.

Oftmals übersehen wir in der Unternehmenswelt die Wichtigkeit bestimmter Ziele und Werte, die für uns in der Gestaltung des Familienlebens ganz selbstverständlich sind. Doch wer die Augen dafür öffnet, erkennt schnell, dass sich mit Hilfe dieser Werte und Systeme vieles in der Unternehmensleitung verbessern lässt. In diesem Exkurs sollen die Gemeinsamkeiten näher gebracht werden.

Lesen Sie, worin sich Familienmenschen von Alleinstehenden oftmals unterscheiden und warum die Familienwerte für Ihr Unternehmen und Ihren Führungsstil so wertvoll sein können.

Gemeinsamkeiten von Unternehmen und Familien

Sowohl die Familie als auch das Unternehmen stellen zwei verschiedene Arten von sozialen Systemen dar. Ein soziales System ist dadurch gekennzeichnet, dass es aus mindestens zwei oder mehreren Personen besteht und sich sowohl aus inneren als auch äußeren Systemstrukturen zusammensetzt. Zu den inneren Systemstrukturen gehören grundsätzlich der systemtypische Umgang miteinander und die systemtypischen gemeinsamen Grundwerte.

Zu den äußeren Systemstrukturen gehört vor allem die Organisation des Systems. Die Gemeinschaften Familie und Unternehmen haben sich zwar aus verschiedenen Gründen und Grundgegebenheiten gebildet, aber beide bestehen aus einer Zusammenkunft mehrerer Menschen mit verschiedenen Bedürfnissen und Charakterzügen. Beide Systeme benötigen eine Sozialstruktur und Platzzuweisungen sowie Verhaltenscodes (so intern und subtil sie auch sein mögen). Die Rolle der Unternehmensführung übernehmen innerhalb der Familie klassischerweise die Eltern – und viele dieser Aufgaben ähneln sich ungemein.

Eltern gelten in einer Familie grundsätzlich als Vorreiter. Sie sind meistens für die Organisation und damit auch für die Orientierungsarbeit verantwortlich. Ohne ihre Führung und Ausrichtungsarbeit läuft nichts. Das gleiche Prinzip gilt für die Unternehmensführung: Wer ein Unternehmen sinnvoll und mit Werten leiten möchte, der muss in der Führungsposition vor allem seine Verantwortung und seine Vorreiterposition erkennen.

Wer eine Familie führt, weiß, was es bedeutet, organisiert zu sein. Gerade, wenn einer oder sogar beide Elternteile neben den Familienverpflichtungen berufstätig sind, ist es wichtig, Prioritäten setzen zu können, eine gute Tagesstruktur zu haben und alle Aufgaben gut zu planen und zu organisieren, damit nichts Wichtiges liegen bleibt. Ein durchaus bekanntes Phänomen in der Arbeitswelt ist daher auch, dass gerade die

Mitarbeiter, die auch ein beschäftigtes Privatleben oder sehr viele Aufgaben haben, häufig sehr viel weniger Zeit für die Aufgabenerledigung benötigen als alle, die weniger beschäftigt sind. Natürlich lässt sich das nicht pauschal für jeden Menschen und jede Aufgabe sagen, aber oftmals sind Aufgaben wesentlich schneller zu erledigen, als wir denken, wenn wir nicht so viel Zeit haben.

Wer genau zehn Minuten Zeit hat, eine Aufgabe zu erledigen, kann das in der Regel schaffen (sofern die Aufgabe dafür einigermaßen ausgelegt ist). Wer für die gleiche Aufgabe jedoch eine halbe Stunde Zeit erhält, nutzt die halbe Stunde meistens vollkommen aus – ohne dabei zwangsläufig ein besseres Ergebnis zu erhalten. Wer mehr Zeit hat, lässt sich leichter ablenken, arbeitet langsamer und benötigt dann auch mehr Zeit als derjenige, der von Anfang an weniger zur Verfügung hatte. Die Fähigkeit, viele Aufgaben genauso zu timen, dass sie nicht mehr Zeit in Anspruch nehmen, als sie unbedingt benötigen, müssen (vor allem berufstätige) Eltern sehr schnell erlernen – andernfalls wäre das Managen einer Familie für sie kaum möglich.

Es lässt sich also schnell erkennen: Das Konzept Familie hat viele gemeinsame Grundlagen mit dem Konzept Unternehmen, auch wenn man das auf den ersten Blick nicht immer ganz einfach erkennen kann. Die wichtigsten Grundlagen der Familienführung können daher auch sehr hilfreiche Eckpfeiler für die Unternehmensführung sein.

Balance finden

Eine der Hauptaufgaben der Familienführung heißt: Balance finden und halten. Damit eine Familie funktionieren kann, muss sie eine gemeinsame Balance haben, d. h., sie braucht klare Strategien und Wertvorstellungen. Damit diese wiederum erhalten bleiben, muss eine Familie, insbesondere die Familienführung, erkennen können, wenn etwas ins Ungleichgewicht gerät. Das Gleiche gilt auch für das Führen eines Unternehmens. Während viele Menschen allerdings schnell erkennen, dass der Familienzusammenhalt kippelt (es wird mehr gestritten, weniger gemeinsame Zeit verbracht usw.), fällt das Akzeptieren der ersten negativen Anzeichen im Unternehmen oft schwerer. In manchen Fällen sind die ersten Anzeichen sehr eindeutig und so auffallend, dass sie nicht missachtet werden können. In anderen Fällen jedoch schleichen sie sich langsam um die Ecke und wir bemerken erst viel zu spät, dass etwas nicht Ordnung und außer Balance geraten ist.

Welche Anzeichen zeigen Ihnen also, dass etwas aus der Balance geraten ist? Eines der ersten Merkmale ist die Erhöhung des Stresses. Sowohl bei Ihnen als auch bei Ihren Mitarbeitern macht sich in letzter Zeit erhöhter Stress bemerkbar? Sie spüren, dass Sie sich gestresst fühlen oder bereits bekannte Stressmerkmale wieder auftauchen, und sehen dies auch bei Ihren Mitarbeitern? Das zeigt deutlich, dass etwas nicht stimmt. Sie kennen das vielleicht von Ihrer Familie, zunehmender Stress macht sich schnell auf die eine oder andere Art bemerkbar und ist meistens ein Zeichen für ein Ungleichgewicht. Natürlich gibt es in jedem Unternehmen mal stressigere Phasen. Gerade bei Unternehmen, die auf eine Hauptsaison fixiert sind, ist das der Regelfall. Doch treten die Stressphasen zunehmend unregelmäßig auf oder werden zum Dauerzustand, muss die Arbeitsweise hinterfragt werden. Dauerstress ist außerdem sehr gefährlich für das geistige und körperliche Wohlbefinden und die Gesundheit. Sind wir dauerhaft gestresst, schlafen wir schlechter, sind nervös und leichter reizbar. Das wiederum macht sich nicht nur im körperlichen Wohlbefinden bemerkbar (Kopfschmerzen, Übelkeit, Müdigkeit sind nur die ersten Anzeichen und gehen irgendwann bis hin zu Herz-Kreislauf-Erkrankungen und Depressionen), sondern auch im Gemeinschaftsgefühl der Gruppe. Ein gestresstes Elternteil sorgt für Unruhe in der Familie. Eine gestresste Unternehmensführung sorgt für Unruhe im Betrieb.

Mit zunehmendem Stress sinkt zudem erstaunlich schnell die Motivation. Hatten Sie früher auch noch massenhaft Motivation, etwas länger zu arbeiten, auch am Wochenende Fortbildungen und Seminare zu besuchen und Ähnliches, mittlerweile aber können Sie sich kaum noch zu den normalen Verpflichtungen aufraffen, geschweige denn für Extra-Arbeit motivieren? Oder erkennen Sie dieses Phänomen innerhalb Ihres Teams? Motivationsnachlass zeigt ganz eindeutig, dass etwas aus der Balance geraten ist. Das gilt sowohl für die Führungskräfte als auch für die restlichen Mitglieder. Wir sehnen uns nach Ruhe und einer Auszeit, in der wir „einfach mal nichts machen" können. Leider scheint eine solche Auszeit nicht zu kommen. Beobachten Sie daher die Motivation Ihres Teams und Ihre eigene Motivation genau und bleiben Sie wachsam für drastische Veränderungen.

Auch verstärkter Leistungsdruck kann ein Signal für ein zunehmendes Ungleichgewicht sein, denn je mehr Stress sich einstellt und je mehr die Motivation sinkt, desto größer wird häufig das Gefühl, zu versagen. Damit steigert sich der innere Druck. Möglicherweise erkennen Sie (oder Ihre Mitarbeiter), dass Sie im Vergleich zu anderen Unternehmern nachlässig, unprofessionell oder schlichtweg weniger innovativ, kreativ oder geschult erscheinen, und setzen sich durch diese Vergleiche noch mehr unter Druck. Vielleicht kennen Sie das auch von zuhause: Je mehr Aufgaben eintrudeln, desto gestresster werden Sie, aber desto höher ist der Druck, „das beste Elternteil" zu sein – besonders, wenn Sie sehen, was die Eltern der anderen Kinder für den Kuchenbazar gebacken haben, wie viel Zeit die Mütter und Väter haben, um ihre Kinder abzuholen und durch die Stadt zu fahren, und wenn die Kinder dann erzählen, wie toll die Eltern ihrer Freunde kochen, backen oder basteln können. Mit zunehmendem Leistungsdruck steigt aber auch der Stress wieder – ein Teufelskreis. Ein ähnliches Gefühl empfinden viele Unternehmensführer, wenn die Balance im Business kippt. Der Druck steigt, die tatsächliche Leistung allerdings selten. Im Gegenteil, sie wird häufig sogar weniger, da sich eine Überforderung einstellt und vor lauter Stress sogar viel schneller Termine vergessen werden oder nachlässig gearbeitet wird. Zunehmend schlechtere Leistungen im Team oder auch in Ihrer eigenen Organisationsarbeit können demnach auch sehr deutliche Anzeichen für ein kippendes Gleichgewicht sein.

Auch Vergesslichkeit und Konzentrationsschwierigkeiten sind deutliche Zeichen dafür, dass etwas aus dem Gleichgewicht geraten ist. Wenn jeden Tag zu viele neue Informationen auftauchen, die in der vorhandenen Zeit nicht mehr verarbeitet werden können, ist Vergesslichkeit eine häufige Folge. Plötzlich wissen Sie nicht mehr, wo Ihre Notizen zum Thema X liegen, wann die Präsentation stattfinden soll oder wer was in der letzten Sitzung gesagt hat? Ein deutliches Anzeichen dafür, dass etwas ins Kippen geraten ist. Das Vergessen und die Konzentrationsschwäche beginnen häufig mit dem Vergessen von Kleinigkeiten („Wo habe ich den Autoschlüssel hingelegt?", „Was brauche ich nochmal fürs Abendessen?", „Wie spät beginnt das Samstagsseminar?") und endet im schlechtesten Fall damit, dass auch wichtige Aufgaben vergessen werden (beispielsweise, einen wichtigen Geschäftstermin vorzubereiten oder einen Kunden zurückzurufen). Auch hier verhält es sich ähnlich wie im Familienleben, nur, dass es dort eben um den verpassten Elternabend, die Schulaufführung oder den Besuch bei den Großeltern geht. Konzentrationsmangel und Vergesslichkeit entstehen durch Überforderung. Sie machen die Situation natürlich noch schlimmer, da mit zunehmender Vergesslichkeit und Konzentrationsschwäche die Leistungen noch mehr nachlassen, was wiederum dazu führt, dass Druck und Stress noch größer werden.

Mit all diesen Symptomen gehen häufig auch Gemütsveränderungen einher. Ist Ihnen in letzter Zeit aufgefallen, dass Sie oder Ihre Mitarbeiter zunehmend genervt sind, aggressiv reagieren, Kritik schlechter annehmen können oder schlichtweg schlechter gelaunt zur Arbeit erscheinen?

Ein deutlicheres Zeichen dafür, dass etwas nicht mehr stimmig ist, kann es kaum geben. Auch hier bietet die Familie einen guten Ankerpunkt: Ein Ungleichgewicht innerhalb der Familie lässt sich oft an einem schlecht gelaunten Partner oder an mürrischen Kindern festmachen. Also seien Sie auch in Ihrem Unternehmen wachsam und achten Sie auf Veränderungen im Team.

Schließlich stellen sich nicht selten irgendwann auch körperliche und gesundheitliche Probleme ein, wie Schlafstörungen, Zittern, Magenverstimmungen, Kopfschmerzen und Migräneanfälle in größerer Häufigkeit, Gliederschmerzen bis hin zu starken Rückenschmerzen, Herzrasen und anderen Herzkreislauf-Erkrankungen sowie Depressionen. Wenn der Körper so deutliche Signale sendet, ist eine Veränderung schon lange überfällig. Daher müssen diese Anzeichen ernst genommen werden. Nehmen sich die Mitarbeiter aufgrund von gesundheitlichen Problemen und Überarbeitung häufiger Auszeiten, ist das ebenfalls ein Warnsignal, das nicht ignoriert werden darf! Sie würden innerhalb Ihrer Familie schließlich auch nicht ignorieren, wenn Ihr Kind oder Ihr Partner plötzlich unter derartigen Beschwerden leidet, oder? Die hier aufgeführten Signale sind natürlich nicht abschließend und außerdem häufig schon ein Zeichen dafür, dass das Ungleichgewicht sehr weit fortgeschritten ist. Oftmals beginnen körperliche Symptome mit zunehmender Kraftlosigkeit und Müdigkeit. Auch dann sollten Sie bereits wachsam werden.

Zu den seelischen Beschwerden und Symptomen eines zunehmenden Ungleichgewichts gehören als deutlichstes Anzeichen auch Angsterscheinungen. Wenn Sie bemerken, dass Sie zunehmend Angst vor neuen Aufgaben und Herausforderungen haben oder Angstsymptome bei Ihren Mitarbeitenden bemerken, sollten Sie schnell etwas verändern. Deutlicher als Angst kann sich eine seelische Belastung kaum zeigen. Die Angst kommt dabei natürlich selten von einem Tag auf den anderen. Oftmals beginnt sie mit zunehmender Nervosität und Unsicherheit. Zeigt sich das auch bei Aufgaben, die Ihnen früher leichter gefallen sind oder die Sie mit viel Selbstbewusstsein erledigt hätten, dann sollten Sie das unbedingt ernst nehmen.

Übrigens kann für Sie selber auch ein abnehmendes Sozialleben ein klares Zeichen für ein Ungleichgewicht sein. Wann sind Sie das letzte Mal mit Freunden ausgegangen oder einem Hobby nachgegangen, ohne dass dabei Familienverpflichtungen eine Rolle gespielt hätten?

Denken Sie daran, dass Sie stets in der Vorbildfunktion sind. Stellen Sie sich noch einmal die Familiensituation vor: Als Elternteil müssen Sie Ihren Kindern immer als gutes Beispiel vorangehen. Kippt das Gleichgewicht in der Familie, würden Sie es auch in Ihrer Verantwortung sehen, die Balance wieder herzustellen, nicht wahr? Sie würden wachsam sein und genau aufhorchen, was bei Ihren Kindern geschieht. Streiten sie häufiger, sind unfreundlicher oder mehr auf der Suche nach Aufmerksamkeit? Alles Anzeichen, die Sie wahrscheinlich sehr deutlich als Warnsignale für ein Ungleichgewicht innerhalb der Familie oder im Leben der jeweiligen Kinder identifizieren würden. Das können Sie auch auf das Unternehmen übertragen: Haben Sie vermehrt Unruhe bemerkt, häufen sich die Unstimmigkeiten oder gar Gerüchte? Bleiben Sie für solche Signale empfänglich, denn als Leitung sind Sie sozusagen die Eltern des Teams. Kippt das Gleichgewicht, liegt es an Ihnen als Leitung, die Balance innerhalb des Teams – und natürlich Ihre eigene Balance – wieder aufzurichten.

Der Grund dafür, dass es vielen so schwerfällt, das Umkippen der Balance als solches zu erkennen oder zu akzeptieren, liegt u. a. darin, dass dies bedeuten würde, sich Fehler oder Überforderung einzugestehen. Innerhalb der Familie agieren wir auf einer persönlichen Basis. Es ist einfacher, Emotionen zu zeigen und zuzugeben, dass man überfordert ist, mehr Zeit und Luft braucht oder schlichtweg etwas nicht tun würde.

In einer glücklichen Familie wissen wir, dass wir die Familie immer als solche behalten werden – egal, was wir sagen oder machen. Familie bleibt Familie. Auf der Arbeit fällt es vielen Menschen schwerer, das außer Balance Geraten zuzugeben, denn dann müssten wir vor uns weniger vertrauten Menschen eingestehen, dass wir womöglich nicht so viel leisten können, wie sie von uns erwarten. Wir haben Angst davor, die Vorbildfunktion oder den Beliebtheitsgrad zu verlieren. Daher ignorieren wir die Anzeichen viel häufiger. Zu erkennen, dass etwas aus der Balance geraten ist, kann Ihnen jedoch dabei helfen, Probleme schneller in den Griff zu bekommen, Motivationslöcher zu überwinden und stressige Zeiten zu überstehen und zu verbessern. Sie sollten daher unbedingt lernen, erste Warnzeichen zu erkennen und ernst zu nehmen. Innerhalb einer Familie geht es darum, eine gemeinsame Balance auf der Grundlage von gemeinsamen Werten und Motivationen zu finden. Daran sollten Sie auch bei der Unternehmensführung denken.

Gemeinsame Werte finden – was wirklich zählt

Um gemeinsame Werte und damit Balance zu finden, muss zunächst eine gemeinsame Orientierung geschaffen werden. Eine Orientierung darüber, welche Aufgaben anstehen, welche Rollen es zu erfüllen gibt, welche Wünsche und Bedürfnisse sich gegenüberstehen und welche Vision verfolgt werden soll.

Was innerhalb der Familie die Eltern erledigen, müssen Sie als Führungskraft im Beruf für Ihr Team übernehmen: Sie brauchen also Orientierung über Ihre Vision und Ihre Ziele und Sie müssen Navigationsfähigkeiten beherrschen.

In stressigen Phasen ist das nicht immer ganz einfach. Oftmals überschlagen sich die Gedanken, wenn es darum geht, eine Familie zu navigieren und den gesamten Haushalt zu führen und zu organisieren. Wie sieht meine To-do-Liste heute aus? Welche Aufgaben stehen allgemein an – jetzt, in naher und in ferner Zukunft? Das Gleiche geschieht in vielen Unternehmen, wenn Stress und Zeitmangel die Oberhand übernehmen. Wie kann dem entgegengewirkt werden?

Mentale Überforderung – Gedanken klären

Damit Ihnen nicht sprichwörtlich der Kopf platzt, ist es sinnvoll, die Gedanken in regelmäßigen Abständen zu klären. Wer eine Familie hat, kennt dieses Prinzip wahrscheinlich auch – es geht darum, zu ordnen, was im Kopf ist, welche Sorgen, Kummer und Ängste, aber auch welche Ideen und Strategieverbesserungen rumschwirren usw. Eine gute Übersicht ist das A und O. Was für eine Familie gilt, trifft hier auch auf Unternehmen zu. Um Orientierung zu schaffen, muss die Unternehmensführung die „Blase im Kopf leeren".

Gedanken müssen aufgeschrieben oder visualisiert werden, damit sie klarer und geordneter werden. Besteht die Unternehmensführung aus einem Team aus zwei oder drei Leuten, gehört dazu auch, die Gedankenblasen zu besprechen und zu sehen, ob und inwieweit alle Leitungsmitglieder auf einer Wellenlänge sind. Grundsätzlich gilt, dass alles aufgeschrieben werden soll, was den Beteiligten im Kopf schwirrt, auch wenn die Aufgaben klein erscheinen.

Denn oftmals sorgt die Summe vieler Kleinigkeiten für ein Ungleichgewicht. Es ist also wichtig, das Wort „leeren" hier wörtlich zu nehmen und dafür zu sorgen, dass wirklich alles entladen werden kann, was entladen werden soll.

Es kann bei dieser Übung hilfreich sein, zu Beginn, alles ungeordnet auf ein Blatt Papier zu bringen und später zu ordnen. Alternativ können Sie direkt eine einigermaßen geordnete Mindmap anlegen und alles nach Sorgen, Aufgaben, Ideen usw. sortieren. Eine solche Übersicht kann ungemein helfen, Klarheit und Struktur zu schaffen.

Verantwortlichkeit klären

Innerhalb der Familie sind die Eltern normalerweise für alle wichtigen Aufgaben verantwortlich. Je älter die Kinder werden, desto mehr Verantwortung können die Eltern jedoch nach und nach abgeben – sofern das Miteinander funktioniert. In einer funktionierenden Familienbande sind ältere Kinder durchaus dazu in der Lage, sich hin und wieder selbstständig um ihr Essen zu kümmern, ihre eigenen Klamotten zu kaufen (oder zumindest zum Teil) und im Haushalt mitzuhelfen.

Sind sich alle darüber im Klaren, wer mit welchen Aufgaben betraut werden kann und sollte, entsteht ein Gleichgewicht. Die Familienlast liegt gut verteilt auf mehreren Schultern, den Eltern wird zunehmend mehr Last abgenommen und das Miteinander und der Zusammenhalt verbessern sich – weil alle Beteiligten lernen, dass sie die besten Ergebnisse nur dann erzielen, wenn sie an einem Strang ziehen.

Stellen Sie sich das in Ihrem Unternehmen vor. Natürlich gibt es Aufgaben, die Sie als Leitung nicht abgeben können oder wollen. Aber so, wie sich innerhalb der Familie mit den Jahren die Aufgaben neu verteilen, kann dies auch innerhalb eines Unternehmens geschehen. Werden Sie größer, entwickeln Sie neue Produkte, einen größeren Kundenstamm oder wollen international und digital aktiver sein, dann kann es sich lohnen, die Aufgaben neu zu durchdenken. Benötigen Sie mehr Unterstützung? Kann ein Mitarbeiter für Sie einen Kundentermin wahrnehmen, der sich jahrelang bewährt hat? Sollten Sie einen Stellvertreter anschaffen oder neue Positionen schaffen, um die Teammitglieder zu entlasten?

Wenn Sie bei der Aufgabenverteilung sind, achten Sie darauf, dass es fair und strukturiert zugeht. Verteilen Sie die Aufgaben entsprechend der Profile, der Positionen und der Mitarbeiter. Wenn es in stressigen Zeiten viel Extra-Arbeit gibt, sollten Sie darauf achten, die „beliebtesten“ Aufgaben nicht immer nur einer Person zuzuordnen, sondern möglichst fair bei der Chancenverteilung zu bleiben. Sie würden auch nicht einem Kind ständig anordnen, das Bad zu putzen, während das andere nur Aufgaben erhält, die Spaß machen, nicht wahr? Dass die Aufgaben nach Position und Fähigkeiten verteilt werden, ist vollkommen klar – persönliche Vorlieben sollten Sie aber besser außen vor lassen. Denken Sie daran, dass Sie Aufgaben immer so klar wie möglich formulieren und verteilen sollten. Es wurde bereits zu Beginn dieses Buches angesprochen, dass eine gekonnte Aufgabenverteilung die Leistung des Teams um einiges steigern kann und zu den wichtigsten Führungsqualitäten gehört. Aufgaben, die unklar sind oder in zwei Verantwortungsbereiche fallen könnten, müssen so früh wie möglich klargestellt und gezielt verteilt werden.

Und bleiben Sie offen für Veränderungen, wenn sie möglich und gewünscht sind: Mitarbeitergespräche können beispielsweise auch dafür genutzt werden, dass Verantwortungen besprochen werden. Es kommt nicht selten vor, dass sich ein Mitarbeiter vollkommen überfordert fühlt, während ein anderer sehr gerne mehr Verantwortung übernehmen würde. Sprechen Ihre Mitarbeiter solche Dinge an, sollten Sie das ernst nehmen und darüber nachdenken, ob eine neue Aufgabenverteilung sinnvoll sein kann. Letztlich könnte es sein, dass alle Beteiligten davon profitieren.

Navigator werden

Denken Sie daran, dass Kinder, so gerne sie auch schnell erwachsen sein wollen, sehr lange eine Orientierungshilfe benötigen. Eltern müssen als Navigatoren fungieren und den Kindern lange die Familienrichtung zeigen und vorleben. Nur, wenn Kinder gute Navigatoren haben, können Sie eines Tages nicht nur folgen, sondern eigene Schritte in die richtige Richtung gehen. Das Gleiche gilt für die Unternehmensführung: Wenn Sie den Weg ebnen, können Ihre Mitarbeiter bestens folgen und sehen, wo sie alleine weiterlaufen können. Sie müssen sich darüber im Klaren sein, dass Sie die Unternehmensrichtung vorgeben. Machen Sie sich Ihre Rolle als Navigator bewusst – Sie müssen den Kurs zeigen und halten.

Je mehr Sie sich über diese Rolle im Klaren sind und je besser Sie sich Ihren Kurs, Ihre Vorstellungen und Wünsche vergegenwärtigen, desto besser werden Sie im Navigieren sein – mit der Folge, dass auch das ganze Team besser funktionieren wird und dem gemeinsamen Weg nichts mehr im Wege steht. Übernehmen Sie die Navigatorenfunktion hingegen nicht, kann es schnell passieren, dass ein Mitarbeiter vom Kurs abdriftet – und das kann leider deutliche negative Auswirkungen mit sich bringen. Wenn Sie sich das Ganze bildlich vorstellen wollen, denken Sie an das Schiff: Ohne Kompass und Navigator driftet die Mannschaft schnell vom Kurs ab. Es geht nicht ohne und wenn doch, dann nur sehr schleppend, mit allzu vielen Wendungen und Drehungen. Und so, wie auf einem Schiff die Vorräte eines Tages knapp werden können, wird sich auch ein Unternehmen ein zu starkes orientierungsloses Hin und Her nicht ewig leisten können – die Ressourcen werden knapp, das Geld verringert sich und die Motivation der Mitarbeiter lässt stark nach. Eine gute Navigation bildet die Basis einer jeden Unternehmensstruktur.

Generationsübergreifendes Arbeiten

Generationsübergreifendes Arbeiten wird heutzutage in vielen Unternehmen immer wichtiger. Junge Universitätsabsolventen treffen auf Mitarbeiter mit jahrelanger Erfahrung und bringen ganz unterschiedliche Vorstellungen mit ins Team. Innerhalb der letzten Jahrzehnte entwickelten sich die Möglichkeiten und die Systeme so schnell weiter und in andere Richtungen, dass zwischen den Lebensstandards und -weisen zweier Generationen bedeutende Unterschiede liegen – weit größer, als sich die Leben zwischen zwei Generationen noch vor einigen Jahrhunderten voneinander unterschieden haben. Generationsübergreifendes Arbeiten ist daher heutzutage besonders wichtig.

Ein ähnliches Aufeinandertreffen mehrerer Generationen kennen Familien. Je größer die Familien sind, desto mehr Generationen treffen auch hier zusammen. Sie bringen unterschiedliche Ansichten und Meinungen mit ein und sorgen dafür, dass gemeinsame Wertvorstellungen oftmals gar nicht so einfach zu finden sind. Dennoch schaffen es Familien (normalerweise), gemeinsam an einem Strang zu ziehen. Familien sind generationsübergreifendes Arbeiten also sozusagen bereits gewohnt. Eltern lernen bereits mit Geburt des ersten Kindes, was generationsübergreifendes Wirken bedeutet und wie sich unterschiedliche Vorstellungen miteinander vereinbaren lassen. Diese Grundgedanken können auch für die Unternehmensführung sehr hilfreich sein.

Wenn Sie an Ihre Familie denken – unabhängig davon, wie groß oder klein diese war bzw. ist –, welche Probleme fallen Ihnen bezüglich generationsübergreifender Konflikte ein? Einer der häufigsten Gründe für Unstimmigkeiten ist das Scheitern von Verständnis und Akzeptanz füreinander. Nichts ist jedoch so wichtig, wie einander mit den generationstypischen Eigenheiten erstmal anzunehmen. Falscher Stolz und unbedingtes recht haben Wollen ist in jeder Familie fehl am Platz. Alle Generationen müssen verstehen, dass auch die anderen Generationen Werte mitbringen, die brauchbar sind. So lässt sich selbst mit dem besten Universitätsabschluss jahrelange Erfahrung – im Beruf und im allgemeinen Leben – nicht von heute auf morgen erlernen. Das müssen auch die geschicktesten jüngeren Generationsmitglieder akzeptieren. Andersherum müssen ältere Generationen verstehen, dass sie nicht immer (aus Prinzip) in den alten Mustern stecken bleiben können. In einigen Bereichen ist es notwendig, sich dem Zeitgeist anzupassen und neuen Ideen gegenüber aufgeschlossen zu bleiben.

Auch die Ansprüche an die Welt haben sich geändert. Ältere Generationen sehen in Ihrer Arbeit häufig noch die Notwendigkeit, eine Familie zu ernähren. Sie kennen zahlreiche unbezahlte Überstunden, großen Ehrgeiz und jahrelange Anstrengung, um die Karriereleiter hochzuklettern, und sind davon überzeugt, dass Ehrgeiz und Fleiß auch heute noch mit die wichtigsten Eigenschaften sind. Jüngere Generationen sehen das oft ganz anders. Sie beschäftigen sich nebenbei viel häufiger noch mit privaten Projekten, fangen die Familiengründung oftmals viel später an als zu damaligen Zeiten (ergo sind sie jahrelang zunächst nur für sich selbst verantwortlich) und streben nach einer interessanten Arbeit mit einer guten Work-Life-Balance. Die klassischen von Ehrgeiz und harter Anstrengung durchzogenen Führungskarrieren locken nicht mehr. Überstunden – erst recht unbezahlte – sind unvorstellbar. Sie wollen Flexibilität, selbstständiges Arbeiten und Zeit für Ihre Hobbies und Reisen. Die unterschiedlichen Zeitgeister und die damit verbundenen Vorstellungen zu verstehen, erfordert für beide Generationen viel Einfühlungsvermögen und Geduld.

Die hohe Kunst besteht meistens darin, den passenden Mittelweg zwischen beiden Generationsvorstellungen zu finden. Es gilt, zu erkennen, wo alte Werte noch zählen und beibehalten werden müssen und an welchen Stellen Raum für neue Zeitgeister geschaffen werden muss. Von den Kenntnissen einer (Groß-) Familie kann sich fast jedes Unternehmen noch eine dicke Scheibe abschneiden.

Familien wissen, dass sie füreinander Verständnis aufbringen müssen. Großeltern versuchen, nicht enttäuscht zu sein, wenn das, was sie früher als modern befanden, heute nicht mehr „up-to-date" ist, Eltern müssen akzeptieren, dass Kinder ihr Lebenswerk nicht zwangsläufig übernehmen möchten, und Kinder und Enkelkinder müssen Verständnis zeigen, wenn die älteren Generationen ihre Träume für ein wenig unrealistisch halten, das viele Reisen nicht verstehen und sich nicht daran gewöhnen wollen, über WhatsApp zu kommunizieren. Die Ansprüche der jeweils anderen Generation zu ignorieren, funktioniert auf Dauer jedenfalls nirgendwo gut.

Unternehmen sind heutzutage mehr denn je auf innovative Projekte und Methoden angewiesen. Sie benötigen die jüngeren Generationen, um mit der Zeit voranzuschreiten, und müssen gleichzeitig die hohe Kunst meistern, alte Werte nicht zu verlieren. So, wie Familien zu bestimmten Anlässen zueinander finden, sich einander entgegenkommen, zuhören und lernen, Kompromisse zu finden, müssen Unternehmensleitungen ebenfalls agieren. Sie benötigen ein Verständnis für beide Seiten und müssen lernen, zu erkennen, welche Neuerungen angebracht sind und welche nicht. Keine leichte Aufgabe, mit ein wenig Einfühlungsvermögen, Orientierungsarbeit und Geduld jedoch machbar. Manchmal werden Sie nicht darum herum kommen, bestimmte Dinge einfach auszuprobieren. Wenn es nicht klappt, können Sie (zumindest in der Regel) immer noch einen Schritt zurück gehen und zumindest daraus lernen.

Wenn Sie sich selber als Mitglied der „alten Hasen“ bezeichnen würden, müssen Sie außerdem lernen, sich der jungen Generation gegenüber in einer Art und Weise zu präsentieren, die ihre Arbeitsmoral steigert. Denken Sie mal darüber nach, wie Sie Ihre Großeltern oder andere ältere Mentoren erlebt haben. Welche Eigenschaften haben Sie bewundert? Meistens sehen wir zu unseren älteren Mitmenschen auf, weil wir sie respektieren und gleichzeitig ihre weise und liebevolle Art schätzen. Sie müssen einen Weg finden, sich klug Respekt zu verschaffen.

Dafür reicht heutzutage meistens nicht mehr das Alter. Während es in früheren Zeiten selbstverständlich war, vor älteren Menschen allein aufgrund der Tatsache, dass sie älter waren, Respekt zu haben, ist das heute kaum noch der Fall. Die jüngeren Generationen wollen Leistung sehen. Zeigen Sie Ihnen also, was Sie können und wofür Sie stehen, anstatt Respekt allein aufgrund Ihres Alters zu erwarten. Lernen Sie, zu motivieren, zeigen Sie sich offen und halten Sie sich nicht mit Feedback zurück. Die Zukunft des Unternehmens hängt stark von den neuen Ideen und Wegen jüngerer Generationen ab. Wo Sie Ihre altbewährten

Erfahrungen dennoch beibehalten und nutzen müssen, hängt im Einzelfall stark von den jeweiligen Branchen, den Zielgruppen und Unternehmensstrukturen ab. Gehört die Zielgruppe beispielsweise selber zu einer älteren Generation, können alte Erfahrungswerte wahrscheinlich an vielen Stellen kaum ersetzt werden. Handelt es sich bei der Zielgruppe eher um Jugendliche und Erwachsene in den frühen 20ern, können sicherlich viele alte Methoden überdacht und überarbeitet werden. Das Unternehmen muss erkennen, wo welche Strategie angebracht ist. Das schafft es vor allem auch, wenn die Leitung eine klare Vision hat.

Übrigens, sollten Sie sich selber als Teil der jüngsten Generation Ihres Unternehmens wiederfinden und auf Schwierigkeiten mit älteren Kollegen treffen, gilt das Gleiche umgekehrt: Bleiben Sie offen für Ihre Erfahrungen und Ideen. Lassen Sie sich alles erklären, wenn Sie deren Ansichtsweisen nicht verstehen, zögern Sie nicht, regelmäßig (konstruktiv) Feedback zu geben und versuchen Sie, dem Team motiviert und verständnisvoll gegenüberzutreten. So können alle Ressourcen bestmöglich eingesetzt werden.

Generationskonflikte können nur dann vermieden werden, wenn alle Generationen die übergreifende Kommunikation und die Zusammenarbeit als Gelegenheit, stetig voneinander zu lernen, betrachten. Die jüngeren Mitglieder sollten bedenken, dass sie von den älteren viele Erfahrungswerte nutzen können, um die gleichen Fehler zu vermeiden, bewährte Starthilfen zu nutzen und sich ggf. in die Zielgruppe einzufühlen. Sie wissen bereits, welche Wege in der Vergangenheit funktioniert haben und welche nicht – und können diese Werte mit neuen Statistiken und Erkenntnissen vergleichen, um herauszufinden, ob sich entscheidende Dinge geändert haben, die diese Erfahrungswerte unbrauchbar machen, oder ob die Grundsituation noch so ähnlich ist, dass die Erfahrungswerte auf ihre Zeit übertragen werden können. Und ältere Generationen müssen lernen, anzuerkennen, dass innerhalb der letzten

Jahrzehnte einige Veränderungen stattgefunden haben und das, was vor zwanzig Jahren galt, heute nicht mehr zwangsläufig aktuell sein muss.

Generationsübergreifendes Arbeiten muss auf ein voneinander Lernen fokussiert sein, nicht auf ein einander Übertrumpfen!

Praktische Übungen

Um sich an diesen Wertvorstellungen besser orientieren zu können, können Sie einige praktische Übungen ausprobieren. Die folgenden drei Übungen sollen Ihnen das Konzept verständlicher machen und zeigen, wie Sie innerhalb eines Teams gemeinsame Werte und Grundsätze finden können, die Ihre Arbeit stärken können.

Das Vision Board

Damit es Ihnen gelingt, sich Ihrer Visionen klar zu werden, können Sie ein sogenanntes „Vision Board" erstellen. Das dient dazu, sich die Visionen und Ziele ganz genau vorzustellen um anschließend besser daraufhin arbeiten zu können. Sie können dafür eine Art Pinnwand oder White Board nutzen oder was immer sich sonst anbietet. Ihr Vision Board kann ein einfaches Plakat oder ein Pappkarton-Poster sein, wenn Sie das bevorzugen. Wichtig ist, dass es Ihre Visionen einfängt.

Stellen Sie sich die folgenden Fragen: Wo gehen Sie gerade hin? Wo stehen Sie und wo wollen Sie hin? Welche notwendigen Zwischenschritte sind auf diesem Weg wichtig? Solche Übungen funktionieren nicht nur im Familienleben, sondern sind sehr gut auf die Unternehmenswelt zu übertragen.

Je ausgefeilter Ihr Plan und Ihr Vision Board sind, desto besser. Nutzen Sie ruhig die Möglichkeiten bildlicher Darstellungen Ihrer Visionen. Sammeln Sie Fotos, Bilder, zeichnen und skizzieren Sie, nutzen Sie Diagramme und Artikel und alles, was Ihnen sonst dabei hilft, eine klare Vision auf Ihr Brett zu bringen.

Ihr Vision Board soll alles einfangen, was für Sie und Ihre Zielsetzungen zählt. Sie können die Übung auch im Team durchführen oder Ihr Vision Board im nächsten Team-Meeting präsentieren. So bekommen alle Mitarbeiter die Gelegenheit, sich bildlich vorstellen zu können, wo Sie gemeinsam hinsteuern möchten.

Der perfekte Tag: Eine Visualisierung

Können Sie sich den perfekten Familientag vorstellen, mit allen Details, vom gemeinsamen Frühstück über die Kleidung aller Mitglieder, das Wetter, die gesprochenen Sätze und die Aktivitäten bis hin zum Abend und letzten Moment vor dem Schlafengehen? Was machen Sie, wo gehen Sie hin oder bleiben Sie zuhause?

Versuchen Sie, eine solche Visualisierung für den Arbeitstag. In Bezug auf die Familie fällt es vielen Menschen deutlich leichter, eine derartige Visualisierung durchzuführen, schließlich geht es um Freizeit, Spaß und gemeinsame Zeit mit den liebsten Menschen. Doch wie würde Ihr perfekter Arbeitstag aussehen? Was ziehen Sie an, was passiert, mit wem reden Sie? Versuchen Sie, sich einen Moment Zeit zu nehmen und eine solche Visualisierung durchzuführen. Es benötigt nur ein paar Minuten, doch die Wirkung kann sehr stark sein. Eine Visualisierung hilft, zu verstehen, was Ihnen wichtig ist, wonach Sie sich sehnen und was Sie verändern möchten oder müssen, damit Ihr perfekter Arbeitstag in Erfüllung gehen kann. Sie hilft, Klarheit in die eigenen Wunsch-, Ziel- und Idealvorstellungen zu bringen und bringt Sie damit einen Schritt näher, Ihre Visionen zu verwirklichen.

Ruhe bewahren – Lernen, sich von nichts mehr schocken zu lassen

Wenn Eltern eines können, dann auch in stressigen Situationen die Ruhe zu bewahren. Falls Ihnen also zwischendurch all die Aufgaben und Tipps zu viel zu werden scheinen, erinnern Sie sich daran: Tief durchatmen und Ruhe bewahren. Nicht alles geschieht von heute auf morgen. Chaos ist sowohl in Großfamilien als auch in großen Unternehmen an der Tagesordnung. Wer jahrelange Erfahrung in der Kindererziehung hat, lernt, mit chaotischen Phasen wunderbar umzugehen, einfach, weil es absolut notwendig ist. Erfahrene Eltern kann kaum noch etwas schocken.

Lernen Sie diese hohe Kunst und übertragen Sie sie auf Ihre Unternehmensführung, dann werden Sie nachhaltig viel besser mit Stress und Unstimmigkeiten umgehen können. Das Beste ist: Das zu üben, verlangt nur Geduld und kaum anderweitigen Aufwand. Erinnern Sie sich in stressigen Situationen stets daran, dass Sie durchatmen müssen. Es besteht kein Grund zur Panik, wenn mal etwas schief oder nicht nach Plan läuft. Versuchen Sie, Ihren Energiehaushalt so gut es geht im Gleichgewicht zu behalten, und Sie werden in kleinen Schritten immer besser werden. Denken Sie an Ihre eigene Familie: Was haben Sie nicht alles mit Ihren Kindern durchmachen müssen? Oder, wenn Sie keine Kinder haben, erinnern Sie sich daran, was Ihre Eltern mit Ihnen alles durchmachen mussten. Sicherlich fallen Ihnen Zeiten oder Augenblicke ein, die Sie im Nachhinein verzweifeln lassen, die Sie dazu bringen, sich zu wundern, wie Sie das als Familie ausgehalten haben. Wenn Sie solche Momente überstehen können, können Sie auch auf der Arbeit nach und nach ein dickes Fell wachsen lassen.

IN DIE PRAXIS UMGESETZT – MODERN LEADING METHODS

Nach all der Theorie geht es nun an den praktischen Teil. Wie bei allen Aufgaben im Leben gilt auch beim Modern Leading: Die Übung macht den Meister.

Sicherlich werden Ihnen nicht alle neuen Strategien und Konzepte sofort gelingen, womöglich sagen Ihnen gar nicht alle Strategien zu.

Doch mit der Zeit werden Sie an Ihren Aufgaben und Methoden wachsen. Lesen Sie weiter und lernen Sie die wichtigsten Grundlagen für das praktische Umsetzen des Modern Leading kennen!

Motivationspsychologie – Grundlagen und Techniken

Motivationspsychologie ist eine Teildisziplin der Psychologie und gerade innerhalb der letzten Jahre ein immer größeres Thema geworden. Sie befasst sich mit der Motivation der Menschen bzw. deren Beweggründen für Handlungsweisen. Insbesondere widmet sie sich den Beweggründen, die für ein als positiv wahrgenommenes Verhalten verantwortlich sind, und unterscheidet dabei vorwiegend zwischen Instinkten, Trieben und Anreizen. Dieses Thema ist für Unternehmensleitungen besonders interessant. Wer die Grundlagen der Motivationspsychologie kennt und teilweise sogar beherrscht, kann ein Team häufig wesentlich effektiver und effizienter gestalten.

Die Vorteile des Verständnisses für Motivatoren

Wenn Sie als Führungskraft die Wirkung von Motivatoren verstehen, kann Ihnen das den Arbeitsalltag um einiges erleichtern. Ein Motivationsverständnis sorgt für besseres Menschenverständnis. Nur, wenn Sie die Motive und Anreize für das Verhalten Ihrer Mitmenschen, vor allem Ihres Teams, erkennen, können Sie verstehen, wie Sie produktives Arbeiten erreichen und aufrechterhalten. Motivation zu verstehen bedeutet, dass Sie dazu in der Lage sind, zumindest zu begreifen, warum ein Mitarbeiter besonders ehrgeizig und ein anderer nur mit minimalem Aufwand arbeitet. Auch zunächst unbegreifliche und scheinbar irrationale Verhaltensweisen Ihrer Mitarbeiter sind dann leichter zu verstehen.

Motive sind stets an Zielsetzungen geknüpft, egal, wie groß oder klein die Ziele sein mögen und ob sie in naher oder ferner Zukunft liegen.

Oftmals sind es bewusste Ziele, teilweise aber auch völlig unbewusste. Unbewusste Ziele sind häufig sozial bedingt und wurden unreflektiert übernommen, teilweise sind sie auch konfliktbehaftet und aus verdrängten Erinnerungen oder Sorgen entsprungen. Ein Verständnis für diese Art von Motiven macht es einfacher, das Verhalten der Mitmenschen zu entschlüsseln und zu einem bestimmten Verhalten anzutreiben. Das gilt für Ihre Teamkameraden, aber auch für Ihre eigene Motivation. Je besser Sie sich selber motivieren können, desto leichter werden Sie ein gutes Beispiel für andere sein und desto effektiver erledigen Sie Ihre eigene Arbeit. Die Art der Motivation ist für den Erfolg allerdings ganz entscheidend.

Intrinsische und extrinsische Motivation

In der Motivationspsychologie wird grundsätzlich zwischen zwei verschiedenen Arten von Motivation gesprochen: Intrinsische, d. h., von innen heraus entstehende, und extrinsische, d. h., von außen geförderte.

- Die **intrinsische Motivation** entsteht aus einem eigenen inneren Antrieb heraus, also aus eigenem Interesse. Äußere Einflüsse, wie Belohnungen oder Beeinflussung anderer, spielen keine Rolle. Die intrinsische Motivation entsteht aus einem persönlichen Wunsch, Ziel oder Gefühl in Bezug auf das Handeln. Sie stehen unmittelbar mit der jeweiligen Handlung in Verbindung. Wenn Sie beispielsweise regelmäßig joggen gehen, weil Sie sich selber zum Ziel gesetzt haben, dieses Jahr einen Marathon zu laufen, ist dieses Verhalten intrinsisch motiviert. Andere klassische Beispiele für intrinsische Motivation sind u. a. Interesse, Neugierde oder Spaß.

- **Extrinsische Motivation** ist wiederum genau das Gegenteil: Hier entsteht Motivation nicht durch einen eigenen Wunsch, sondern gerade durch eine äußere Einflussnahme. Dazu zählen vor allem Belohnungen oder das Vermeiden einer Bestrafung. Wenn Sie als Kind fleißig gelernt haben, weil Sie für jede gute Note ein bisschen Geld oder Schokolade bekommen haben, dann war dieses Verhalten extrinsisch motiviert. Extrinsische Motivation bei der Arbeit kann entsprechend eine Gehaltserhöhung oder Ansehen von außen sein.

Die Wissenschaft hat gezeigt, dass intrinsische Motivation deutlich stärker wirkt als extrinsische. Der Effekt extrinsischer Motivation verpufft viel zu schnell und kann daher für dauerhafte Leistungen und Verhaltensweisen keine ausreichende Lösung sein.

Der Belohnungseffekt bei einer guten Note wirkt beispielsweise nur für den einen kurzen Augenblick lang und ist eine Woche später bereits wieder vergessen – bis die nächste Prüfung ansteht und nochmal eine Belohnung wirkt. Das Gleiche gilt beispielsweise für eine Gehaltserhöhung. Wer eine Gehaltserhöhung bekommt, erfreut sich daran zwar kurzzeitig, doch bald schon stellt sich der Gewöhnungseffekt ein und die Motivation sinkt wieder. Die extrinsische Motivation muss also ständig erneuert oder gar erhöht werden. Wer dagegen langzeitlich erfolgreich motiviert bleiben möchte, sollte intrinsische Motivatoren suchen. Wenn Sie beispielsweise aus reinem Interesse an einem Thema lernen, hält diese Motivation regelmäßig viel länger an.

Als Leitungskraft bedeutet das also: Wenn Sie Ihr Team zu einem Verhalten motivieren möchten, bringt es selten langfristig etwas, wenn Sie mit extrinsischer Motivation arbeiten. Anstatt Ihren Mitarbeitern also mit Gehaltserhöhungen, Anerkennung von außen oder gar Beförderungen zu locken, sollten Sie versuchen, Ihre inneren Motivationen herauszufinden und zu nutzen. Auch das Androhen von Strafen oder Rauswurf ist nicht hilfreich, da es sich hierbei ebenfalls um extrinsische Motivation handelt und auch diese Motivation nur von kurzer Dauer ist. Wenn Sie Ihr Team für die Arbeit tatsächlich begeistern können, haben Sie schon viel gewonnen!

Positive und negative Motivation

Positive Motivation fokussiert sich auf das Erreichen eines Ziels oder Zustands, während negative Motivation auf die Vermeidung einer Situation ausgerichtet ist. Auf die Arbeit bezogen ist positive Motivation beispielsweise eine Gehaltserhöhung oder Beförderung, während negative Motivation das Vermeiden des Rauswurfes ist. Wenn Sie Sport treiben, um fitter und ausgeglichener zu werden, ist das positive Motivation, wohingegen verstärktes Training, um eine Gewichtszunahme zu vermeiden, negative Motivation ist.

Im Allgemeinen zeigt sich, dass positive Motivation langfristig hilfreicher ist als negative. Negative Bilder hemmen häufig eher, als dass sie anspornen. Negative Bilder sind leichter zu verdrängen und auszublenden. Das ist beispielsweise auch ein Grund dafür, warum die abschreckenden Bildern auf Zigarettenpackungen eher bei Nichtrauchern wirken (die gar nicht erst anfangen wollen) als bei Rauchern. Wer wirklich mit dem Rauchen aufhört, sucht sich besser ein positives Ziel als ein abschreckendes. Oftmals kommt es bei der Motivationsart auch auf die Perspektive an. Viele negative Motivationen lassen sich positiv umformulieren (natürlich geht das auch umgekehrt, wäre aber unproduktiv). Wenn Sie beispielsweise mit dem Rauchen aufhören möchten, weil Sie keinen Lungenkrebs bekommen wollen, ist das eine negative Motivation. Positiv umformuliert könnte die gleiche Motivation lauten: „Ich möchte mit dem Rauchen aufhören, weil ich lange gesund bleiben und meine Enkelkinder noch großziehen möchte!“. Sie sehen: Im Grunde geht es die ganze Zeit um ein langes Leben und lange Gesundheit. Einmal ist diese Motivation negativ und einmal positiv formuliert. Wenn Sie das auf die Arbeit übertragen wollen, müssen Sie feststellen, wo Ihre Mitarbeiter eher aufgrund von negativer Motivation handeln. Versuchen Sie, dort anzusetzen und die Motivationssätze in positive umzuformulieren. Arbeiten Sie auch zukünftig mit positiven Sätzen.

Hier eine kleine Übung: Formulieren Sie die folgenden zehn negativen Motivationssätze in positive Motivationen um:

1. Ich möchte weniger trinken, weil ich keinen Leberschaden riskieren möchte.

2. Ich arbeite fleißig, weil ich meinen Job während wirtschaftlich schwacher Zeiten nicht verlieren möchte.

3. Ich möchte weniger auswärtsessen, weil ich nicht so viel Geld ausgeben möchte.

4. Ich möchte früher aufstehen, weil ich nicht den ganzen Vormittag verschlafen will.

5. Ich möchte häufiger ausgehen, weil ich nicht ständig alleine zuhause sitzen möchte.

6. Ich möchte mich regelmäßig weiterbilden, weil ich nicht von meinen Kollegen überholt werden möchte.

7. Ich möchte weniger Flugzeugreisen unternehmen, weil ich nicht für einen hohen CO_2-Ausstoß verantwortlich sein möchte.

8. Ich möchte meine Aggressionen in den Griff kriegen, weil ich mit meinem Partner nicht mehr so viel streiten möchte.

9. Ich möchte meine Angst vor Gewittern überwinden, weil ich nicht jedes Mal ängstlich nach Hause rennen möchte, wenn eines heraufzieht.

10. Ich möchte häufiger meine Meinung sagen, weil ich nicht möchte, dass man mich als schüchtern oder unsicher wahrnimmt.

Versuchen Sie, diese Übung auch bei jeder anderen Gelegenheit anzuwenden. Immer, wenn Sie eine negative Motivation hören, sollten Sie versuchen, sie positiv umzuformulieren. Sie werden sehen, mit etwas Übung wird es Ihnen bald sehr viel leichter fallen, positive Motivationssätze zu erlernen und weiterzugeben.

Kurzfristige und langfristige Motivation

Auch kurzfristige und langfristige Motivation unterscheiden sich in ihrer Wirkung. Langfristige Ziele sind super, doch alleine, ohne Zwischenziele (kurzfristige Motivationen) sind sie auch sehr frustrationsanfällig. Wer sich darauf konzentriert, in zehn Jahren eine bestimmte Position zu erhalten, erlebt auf dem Weg viele Rückschläge und lässt viel Spielraum für Frustration. Wer sich das gleiche Ziel setzt, allerdings mit vielen kleinen Zwischenzielen, wie etwa dem Abschluss eines ersten Projekts innerhalb der nächsten drei Monate, kann sich an den Zwischenzielen festhalten, obgleich er ebenfalls Rückschläge erleben wird.

Es fällt vielen Menschen außerdem wesentlich leichter, für eine kurze, absehbare Zeit motiviert zu bleiben als über einen ganz langen Zeitraum ohne sichtbare Zwischenziele. Arbeiten Sie also stets mit Zwischenzielen. Geben Sie auch Ihren Mitarbeitern solche Ziele an die Hand – das wird dafür sorgen, dass sie länger motiviert und engagiert bleiben.

Wenn der Abschluss eines bestimmten Projektes beispielsweise erst in einem Jahr absehbar ist, nennen Sie Ihren Mitarbeitern Zwischenetappen, die auf dem Weg zu erreichen sind, und berichten Sie mit Freude, sobald dies geschehen ist.

Sie können z. B. alle gemeinsam darauf hinarbeiten, dass Sie den Grobaufbau des Projektes geschafft haben, dass die erste Online-Werbe-Kampagne aufgestellt ist usw. Um dies zu üben, probieren Sie, die folgenden Langzeitziele in Zwischenetappen zu unterteilen:

1. Das Besteigen eines (mittelhohen) Berges als ungeübter Wanderer (voraussichtlich in ein bis zwei Jahren)

2. Das Laufen eines Marathons als ungeübter Läufer (voraussichtlich in ein bis zwei Jahren)

3. Der Abschluss eines Jurastudiums

4. Der Abschluss einer Online-Werbe-Kampagne mit Videos, Fotos, Interviews u.v.m. (voraussichtlich in zwölf Monaten)

5. Die Renovierung eines alten Hauses (voraussichtlich in 1,5 Jahren)

Bevor Sie weiterlesen, versuchen Sie, zu jedem Projekt mindestens fünf realistische Zwischenziele festzulegen. Im Folgenden finden Sie Beispiele für solche Zwischenziele:

1. Auf dem Weg zum Bergbesteigen könnten die Zwischenziele lauten: Besorgen der richtigen Ausrüstung, der erste richtige Wanderausflug auf flachen Wegen, die erste lange Tageswanderung auf flachen Wegen, die erste Wanderung in den Bergen (für wenige Stunden), das Besteigen eines ganzen Berges (kleiner als der Ziel-Berg) usw.

2. Für den Marathon könnten die Zwischenziele wie folgt aussehen: Das Besorgen vernünftiger Sportklamotten und guter Laufschuhe im Fachhandel, der erste 5 Kilometer-Lauf, der erste 10-Kilometer-Lauf, der erste 15-Kilometer-Lauf, die Teilnahme an einem Halbmarathon-Lauf, die ersten 30 Kilometer usw.

3. Für das Jurastudium sehen beispielhafte Zwischenziele so aus: Die Aufnahme an der (Wunsch-) Universität, das Bestehen der ersten Prüfungen, der Erhalt des Wunschpraktikumplatzes, die Zwischenprüfung bestehen, gute Noten im Probeexamen usw.

4. Für die Kampagne sind Zwischenziele z. B.: Die Fertigstellung der Vorbereitungen und Skripte für Interviews und Videos, das Erstellen mehrerer Social Media-Accounts, das Posten erster Bilder, das Schneiden und Fertigstellen der Videos, das Durchführen der Interviews, das Hochladen erster Videos usw.

5. Und die Zwischenziele auf dem Weg zum renovierten Haus könnten wie folgt lauten: Der Abriss all dessen, was raus muss, die Entsorgung jeglichen Mülls, die Fertigstellung des Grundbaus, die Fertigstellung des

ersten Raumes, des zweiten Raumes, die Überarbeitung des Gartens usw.

Alle diese Ereignisse können in viel mehr Zwischenziele unterteilt werden, wenn Sie möchten (im Studium kann z. B. jedes Semester ein gutes Ziel sein). Versuchen Sie, das auch bei der Arbeit anzuwenden, und Sie werden sehen, dass Sie sich und Ihr Team länger motiviert halten.

Bewusste und unbewusste Motivation

Schließlich lässt sich auch zwischen bewusster und unbewusster Motivation unterscheiden. Oben wurde bereits angesprochen, dass sich Menschen nicht immer ihrer Motivation bewusst sind. Oftmals denken sie auch, dass sie es sind, obwohl zusätzlich zu einer bewussten Motivation noch unbewusste Motivatoren eine Rolle spielen. Diese unbewussten Motive können aber sehr wichtig sein und großen Einfluss auf den Erfolg haben.

Sie sollten daher stets versuchen, Ihre Motivationen ganz klar zu erkennen und wahrzunehmen. Unbewusste Motivatoren können auch dafür sorgen, dass uns Verhaltensänderungen schwerfallen, obwohl wir eigentlich davon ausgehen, dass wir sie erwünschen – nämlich dann, wenn hinter dem bisherigen Verhalten eine unbewusste Motivation steckt. Wenn Ihnen daher die Zielerreichung nicht gelingt, sollten Sie sich auf die Suche nach einer unbewussten Motivation machen – gibt es vielleicht Gründe, die Sie blockieren (oder Ihre Teammitglieder)? Hier ein paar Beispiele:

- Beispiel 1: Sie wollen sich seit langem selbstständig machen, doch Sie schaffen es noch nicht mal, sich aufzuraffen und die Seminare zu besuchen, die sich mit dem Thema befassen. Eine unbewusste Motivation könnte Angst vor den Risiken sein. Oder positiv formuliert: das Bedürfnis nach Sicherheit, das Ihnen der bisherige Job gibt.

- Beispiel 2: Sie wollen Ihren Freundes- und Sozialkreis erweitern, weil Sie glauben, dass Beliebtheit und Kontakte im Leben wichtig sind. In Wahrheit sind Sie aber introvertiert, bevorzugen kleine überschaubare Gruppe oder Zeit alleine und werden unruhig, wenn Sie in anonymen Massen unterwegs sind. Sie denken zwar, dass Sie den Sozialkreis wirklich erweitern wollen, weil Sie es für wichtig befinden, unbewusst möchten Sie aber gerne in Ihrem kleinen Kreis bleiben.

- Beispiel 3: Sie wollen in Ihrem Unternehmen ein neues Projekt oder eine große Veränderung eingehen, weil Sie davon ausgehen, dass dies Ihren Erfolg auf dem Markt steigern wird. Persönlich sind Sie jedoch kein Fan von Herausforderungen, deshalb wird die Umsetzung des Plans zur Qual und geht nur sehr schleppend voran. Ein ähnliches Phänomen erleben beispielsweise auch Doktoranten, die zwar glauben, dass sie einen Doktortitel brauchen oder haben wollen, jedoch keine Herausforderungen oder keine akademische Recherche mögen, weshalb die Arbeit und das Schreiben von Aufsätzen zur reinen Qual wird.

- Beispiel 4: Sie möchten gerne aktiver und häufiger an der frischen Luft sein, weil Sie glauben, dass es zu einem gesunden Leben beitragen wird und weil Sie überall lesen, wie viel Freude das anderen macht. Sie haben aber zahlreiche Ängste vor Höhen, Spinnen oder anderen Naturgegebenheiten, weshalb jeder Ausflug in den Wald oder in die Berge eine unangenehme Erfahrung ist.

Sie sehen also, unbewusste Motive können Sie leicht von einem Vorhaben abhalten.

Unbewusste Motive können sowohl positiv (beispielsweise das Erhalten des Bisherigen, wie etwa die Sicherheit im Job) als auch negativ formuliert sein (beispielsweise die Angst vor etwas Neuem, wie etwa die Risiken des Selbstständigmachens). Es ist daher wichtig, auch die unbewussten Motive zu kennen. Führen Sie die folgenden Übungen durch:

- Hypothetische Übung: Sie wollen seit Jahren versuchen, eine Fremdsprache zu lernen, weil Sie glauben, dass das für Ihre Arbeit wichtig oder vorteilhaft sein kann, doch es gelingt Ihnen nicht. Welche unbewussten Motive könnten dafür sorgen, dass Sie nicht so recht mit Ihrem Vorhaben vorankommen?

- Reale Übung: Welches Ihrer Vorhaben – privater oder beruflicher Natur – ist bereits mehrfach mangels Motivation, Energie, Durchhaltevermögen oder Ähnlichem gescheitert? Horchen Sie tief in sich hinein und überlegen Sie zuerst hypothetisch, welche unbewussten Motive irgendeinen Menschen davon abhalten könnten, dieses Vorhaben durchzuziehen. Dann überlegen Sie, ob eine davon auf Sie zutrifft?

Fazit Motivation

Motivation ist wichtig, damit ein Team leistungsstark agieren kann. Sie müssen die Grundlagen der Motivationspsychologie kennen, wenn Sie dazu in der Lage sein wollen, Mitarbeitende aktiv und langfristig zu motivieren. Nutzen Sie die Übungen, um mehr über Ihre eigene Motivation zu erfahren und um sich besser in die Motivation der anderen hineinversetzen zu können. Sie werden bald merken, nach und nach wird es Ihnen immer leichter fallen, Ihr Team zu motivieren.

Mitdenken aktiv fördern

Um Mitarbeiter zufrieden und produktiv zu halten, lohnt es sich, aktives Mitdenken zu fördern. Auch als ChefIn können Sie nicht alles wissen. Und niemand wird als ChefIn geboren – es geht immer ein arbeitsintensiver und lernintensiver Werdegang voran, bis man zur guten Leitung wird. In einem Unternehmen sind gerade in der Gründungs- und Aufbauphase Fehler und Schwächen vorprogrammiert. Aber auch danach wird es immer wieder hier und dort Verbesserungspotenzial geben. Das ist ganz normal und hängt auch mit dem Wandel des Zeitgeistes zusammen.

Verbesserungsvorstellungen Ihrer Mitarbeiter können daher ganz essentiell zu einer positiven Entwicklung Ihres Unternehmens beitragen. Das gilt nicht nur für die Arbeitsprozesse, sondern auch für die gesamte Unternehmenskultur. Und oftmals sind die Mitarbeiter im Team wesentlich näher am Kunden oder anderen Arbeitsbereichen dran, sodass sie viel schneller notwendige Verbesserungen entdecken können. In einem Restaurantbetrieb kann die Leitung beispielsweise schlecht täglich vor Ort erkennen, was gut läuft und was nicht.

Das Servicepersonal vor Ort hingegen erlebt jeden Tag, wie gut die Leistungen beim Kunden ankommen. Sie hören beispielweise, wie häufig nach veganen Alternativen gefragt wird, sie können erkennen, ob die Tischanordnung optimiert werden kann, so dass mehr Platz entsteht oder sie schneller zum Kunden kommen können, sie sehen, ob sich die Kunden im Ambiente wohlfühlen usw. Ihr Feedback ist also ganz essentiell für die Etablierung auf dem Markt.

Überhören Sie Ihre Mitarbeiter also nicht, sondern motivieren Sie stattdessen zum aktiven Mitdenken. Mitarbeiter, die motiviert, engagiert, kreativ und qualifiziert sind, sind die besten Kritiker. Um das gewünschte Verhalten zu fördern, können Sie beispielsweise einen Qualitätszirkel oder etwas Ähnliches gründen, sodass sich mehrere Mitarbeiter in regelmäßigen Abständen treffen können, Probleme identifizieren, Analysen anfertigen und Ideen hervorbringen, die Schwachstellen auszuradieren.

So einfach es sich auch anhört: Auch freiwillige Feedbackbögen können hilfreich sein – sowohl für Ihre Mitarbeiter als auch für die Kunden. Werden Sie kreativ und sorgen Sie dafür, dass Ihre Mitarbeiter es ebenfalls bleiben. Ermuntern Sie Mitarbeiter auch, dem Kunden zuzuhören, wenn dieser Vorschläge äußert. Nichts ist näher am Kundenwunsch dran als ein Feedback des Kunden selbst!

Mitarbeiter- und Feedbackgespräche – aber richtig

Das Thema Kommunikation wurde bereits angesprochen und Sie haben gelernt, dass konstruktive und offene Kommunikation einiges an Zeit sparen und Schwierigkeiten vorbeugen kann. In einer Gruppe, in der die Kommunikation untereinander funktioniert, gibt es weniger Schwierigkeiten aufgrund von Gerüchten, Falschinformationen und Missverständnissen. Um diese Art der Kommunikation und des Zusammenhaltes zu stärken, sind regelmäßige Gespräche eine gute Taktik – wenn sie richtig durchgeführt werden!

Mitarbeitergespräche können, wenn sie sich an einer schlechten Herangehensweise orientieren, auch absolute Motivationskiller sein. Es kommt sehr darauf an, wie sie geführt werden und wie häufig sie anfallen. Im Abschnitt über überholte Konzepte und Führungsstile wurde bereits erklärt, dass falsch durchgeführte Mitarbeitergespräche nur zeit- und kostenintensiv sind, ohne dabei rentabel zu sein. Erfolgsversprechende Mitarbeitergespräche sehen anders aus. Sie beruhen vielmehr auf gegenseitigem Feedback anstatt auf einseitiger Kritik und Rechtfertigung. In einem guten und motivierenden Mitarbeitergespräch sollten die folgenden Punkte Platz finden:

1. Entwicklung und Entwicklungsziele des jeweiligen Mitarbeiters (vor allem in Bezug auf die Aus- oder Weiterbildung)

2. Feedback seitens des Mitarbeiters (in Bezug auf die Verbesserung der Rahmenbedingungen seiner Stelle und Arbeit, aber auch auf andere Themen, die er ansprechen möchte)

3. Fragen und Unklarheiten seitens des Mitarbeiters

Ein Mitarbeiter sollte während des Gesprächs das Gefühl erhalten, dass es um Verbesserungen für seine Arbeit geht, also merken, dass sich dieses Gespräch auch für ihn lohnen wird. Deshalb ist es essentiell, dass er ansprechen kann, wenn er sich Verbesserungen für seinen Arbeitsbereich wünscht. In diesem Zusammenhang sollte das Thema nicht nur kurz notiert und dann zu den Akten gelegt werden, sondern so weit möglich diskutiert und bis ins Detail verstanden werden. Auch das Erarbeiten erster Lösungsvorschläge kann sinnvoll sein. Oft haben Mitarbeitende ohnehin bereits eine Idee davon, wie sie sich eine Verbesserung vorstellen würden.

Ebenfalls wichtig ist, dass dem Mitarbeiter die Gelegenheit gegeben wird, Fragen zu stellen oder Themen anzusprechen, die noch ungeklärt sind oder die seiner Meinung nach zu wenig Beachtung finden. Das kann sich positiv auf das Arbeitsklima und auch auf die Arbeitsleistung auswirken. Das Mitarbeitergespräch wird durch Beachtung dieser Punkte plötzlich ein Kooperationsgespräch, anstatt den Charakter eines Beurteilungsgesprächs zu haben. Im Fokus stehen die Erfolge und Verbesserungsprozesse des jeweiligen Mitarbeiters sowie die Zukunft der Arbeitsgestaltung und nicht die Bewertung der bisherigen Leistung.

Auch der Zeitpunkt der Mitarbeitergespräche kann über ihre Produktivität entscheiden. Einerseits hilft es den Mitarbeitern, wenn sie genaue Vorstellungen davon haben können, wann das nächste Gespräch ansteht und damit nicht unregelmäßig überrascht werden. So haben sie klare Vorstellungen davon, wann es wieder Gelegenheit für Feedback geben wird, können sich besser darauf vorbereiten und sich konstruktiver in das Gespräch einbringen. Wenn sie Feedback loswerden möchten, wissen sie, dass es bald eine verlässliche Möglichkeit dafür gibt, und müssen nicht ständig darauf hoffen, eine gute Gelegenheit zu erwischen. Außerdem können sie sich in der Zwischenzeit ohne größere Unterbrechungen und Sorge auf ihre Arbeit konzentrieren. Andererseits sollte ein guter Chef natürlich das ganze Jahr über für sein Team zu Verfügung stehen und nicht nur einmalig zu einem Nachmittagsgespräch.

Eine gute Zwischenlösung sind Gespräche, die einmal im Jahr um die gleiche Zeit herum stattfinden, in Kombination mit einer offenen Tür, wie es sprichwörtlich heißt. Wissen Mitarbeiter, dass sie sich, sofern es notwendig wird, immer darauf verlassen können, dass Ihre Tür für sie offen steht, fällt es Ihnen leichter, sich bei Problemen und Feedback auch außerhalb der Gesprächstermine an Sie zu wenden. Die regelmäßigen Termine sind dennoch sinnvoll, um eine Art Routine zu entwickeln und um Ihnen Gelegenheit zu geben, regelmäßig Feedback zu geben und zu erhalten. Der Termin muss natürlich nicht jedes Jahr auf den gleichen Tag fallen, aber der gleiche Zeitraum (etwa die erste Maiwoche oder die erste Hälfte des Monats Mai) ist sinnvoll.

Teamarbeit oder individuelle Stärken nutzen?

Viele Führungskräfte fragen sich, wie viel gemeinsame Arbeit in ihrem Team sinnvoll ist – Teamarbeit stärken und ausbauen oder lieber individuelle Stärken nutzen? Beides hat seine Vorteile: Teamarbeit kann die Stärken mehrerer Mitarbeiter gezielt vereinbaren, den Teamzusammenhalt stärken und mit Hilfe zahlreicher Ideen für viele Perspektiven sorgen. Einzelarbeit sorgt bei den Mitarbeitenden oftmals für mehr Freiheit und dafür, dass jeder Aufgaben bekommt, die gezielt den jeweiligen individuellen Stärken entsprechen. Was soll also gestärkt werden?

Die Vorteile der Teamarbeit

Teamarbeit kann einige Vorteile mit sich bringen. In einigen Situation sind mehrere Mitarbeiter schlichtweg notwendig. Manche Aufgaben sind so unübersichtlich oder so umfangreich, dass sie alleine nicht umsetzbar wären. Teamarbeit ist hier also mehr als nur ein „nice-to-have", sondern ein Muss.

Teamarbeit ermöglicht es zudem, auf die Wünsche der Mitarbeitenden stärker einzugehen, flache Hierarchien zu bilden und mehr Freiraum für Innovation, Mitsprache und Kreativität zu geben. Viele Mitarbeiter bevorzugen es, in einem Team zu arbeiten, weil sie dort mehr

Entfaltungsmöglichkeiten haben. Zudem ermöglicht Teamarbeit das Einbringen vieler verschiedener Perspektiven und Erfahrungen.

Zum Teil sind diese Vorteile natürlich abhängig von den beteiligten Individuen. Es gibt Menschen, die arbeiten sehr gerne und gut im Team. Dann wiederum gibt es Menschen, die wesentlich produktiver und selbstbewusster arbeiten, wenn sie sich an eine Aufgabe alleine setzen. Wie die meisten Methoden und Techniken ist auch der Erfolg und die positive Wirkung der Teamarbeit sehr von persönlichen Faktoren der Teammitglieder abhängig.

Die Nachteile – warum Teamarbeit nicht immer zum Erfolg führt

Teamarbeit kann neben all den positiven Aspekten auch einige Nachteile mit sich bringen. Nicht in jeder Situation und nicht für jede Aufgabe ist Teamarbeit die beste Lösung. Es gibt Aufgaben, die erfolgreicher abgeschlossen werden, wenn ein Teammitglied sie alleine bearbeitet.

Andere Aufgaben sind aufgrund ihrer Aufgaben und Strukturen schwierig, sinnvoll aufzuteilen. Und dann wiederum gibt es Mitarbeiter, die schlichtweg besser alleine als im Team arbeiten. Teamarbeit kann der Führung außerdem Kontrollkraft und Überblick entziehen. Zudem entstehen Streitigkeiten in einem Team schnell, wenn sich die Mitglieder uneinig sind, da es mehr Raum für Auseinandersetzungen und Diskussionen gibt, wenn keine klare Hierarchie besteht.

Auch die Nachteile und ihre Ausprägungen hängen natürlich von den jeweiligen Beteiligten ab. Wenn die beteiligten Mitarbeiter gerne und gut im Team arbeiten, werden sie wahrscheinlich weniger groß ausfallen. Sind im Team vorwiegend Menschen vorhanden, die lieber und produktiver alleine arbeiten, werden sie entsprechend schwerer wirken.

Keine Teamarbeit ohne echtes Team – Teambuilding und Gemeinschaftsgefühl

Teamarbeit kann viele Vorteile mit sich bringen – allerdings nur, wenn das Team auch wie eine gute Gemeinschaft funktioniert. Ist das nicht der Fall, sorgt Teamarbeit im schlimmsten Fall nur dafür, dass sich noch mehr Gelegenheiten für Streitigkeiten und Uneinigkeiten ergeben. Als Führungskraft ist es daher wichtig, zu wissen, wie ein Gemeinschaftsgefühl im Team entstehen kann, das dafür sorgt, dass alle gemeinsam an einem Strang ziehen. Der Schlüssel dafür heißt: Teambuilding (zu Deutsch in etwa: das Bauen eines Teams).

Teambuilding oder Team bildende Maßnahmen sind all solche, die die Teammitglieder näher zusammenbringen. Dazu zählen zu Beginn der Teamarbeit Maßnahmen, die für das eigentliche Zusammenkommen und Kennenlernen sorgen. Zu Beginn der Teamarbeit sind die Mitarbeitenden meist noch nicht miteinander vertraut, sodass sie erst mehr Zeit und eine Team-Beziehung miteinander aufbauen müssen.

Besteht das Team schon eine Weile, werden in der Regel Aktivitäten bevorzugt, die dem Selbstvertrauen des Teams dienen sollen. Team bildende Maßnahmen sind beispielsweise gemeinsame Kennenlern-Runden, grundsätzlich auch sogenannte Kennenlern-Spiele, Vertrauensübungen, Freizeitaktivitäten, spielerische Wettkämpfe (Team gegen Team) und Ähnliches.

Wichtig ist, dass die Aktivitäten Spaß machen, in lockerer Atmosphäre stattfinden und für den Zusammenhalt im Team sorgen – Aktivitäten, in denen jeder auf sich selbst gestellt ist, wie etwa Einzelwettkämpfe, sind nicht gut geeignet.

Schließlich geht es um das zusammen Agieren als Gruppe. Teambuilding sollte außerdem möglichst oft außerhalb der Büroräume bzw. des Arbeitsplatzes stattfinden, damit sich die Teammitglieder in einer anderen Atmosphäre kennen lernen können.

Fazit

Teamarbeit kann viele Vorteile mit sich bringen, ist jedoch nicht in jeder Situation die beste Lösung. Wie bei den meisten anderen Dingen sollte stets gut abgewogen werden, ob und für welche Aufgaben und Bereiche Teamarbeit sinnvoll ist. Wenn Sie sich für flache Hierarchien entscheiden, sollten Sie bedenken, dass das auch zu Kontrollverlust und Entscheidungsverzögerung führen kann.

Es kann hilfreich sein, bei Teamarbeit von vornherein bestimmte Rahmenbedingungen wie Fristen, Verfahrensvorschriften usw. vorzugeben. So kann verhindert werden, dass im Team über diese Dinge zu viel diskutier wird. Nicht immer kann eine ausgeglichene Mischung aus Teamarbeit und Einzelarbeit gewährleistet werden. Sollte Ihnen dies möglich sein, ist das aber in den meisten Fällen die beste Variante, um Freiheiten der Mitarbeitenden und Kontrolle auf der Führungsebene in einem ausgewogenen Verhältnis zu halten.

Zielvereinbarungen

Zielvereinbarungen sind wichtig, um innerhalb des Teams klare Strukturen und Visionen zu schaffen, aber auch, um die Motivation aufrechtzuerhalten. Sie sorgen dafür, dass einem roten Faden gefolgt werden kann, dass jeder Mitarbeitende weiß, woran er arbeitet (als langfristiges und kurzfristiges Ziel) und dass kleine Erfolge zelebriert werden können.

Zielvereinbarungen gelten für alle Beteiligten des Unternehmens und müssen so klar wie möglich formuliert werden. Damit das gelingt, empfiehlt sich die sogenannte SMART-Formel. SMART steht dabei einerseits für das englische Wort *smart*, was so viel wie *intelligent* bedeutet, und ist andererseits ein Akronym aus den Worten *spezifisch, messbar, attraktiv, realistisch* und *terminiert*. Das bedeutet also, ein Ziel muss die

Voraussetzungen erfüllen, spezifisch, d. h., so konkret wie möglich, messbar und attraktiv sein, es muss für alle Beteiligten realisierbar sein (also weder zu optimistisch noch zu pessimistisch gefasst sein) und mit einer klaren Deadline einhergehen. Das Wort *Deadline* hört sich für viele oft sehr negativ an, doch eine klare Terminierung ist für eine Zielsetzung unerlässlich. Andernfalls ist es viel zu leicht, die Arbeit vor sich herzuschieben, und ohne konkreten Zeitrahmen fehlt häufig die Motivation und die Realisierung der Notwendigkeit, anzufangen.

Gerade in Bezug auf Kundenarbeit scheitern viele Teams bereits an dem ersten Begriff: Spezifische Kundenarbeit bewegt sich abseits von Aussagen wie, „Wir wollen kundenorientiert arbeiten". Was genau bedeutet *kundenorientiert* im Einzelfall? Nur, wenn die genauen Rahmenbedingungen klar sind, kann auch auf das Ziel hingearbeitet werden. Für Kundenarbeit muss daher klar sein: Wer ist der (Wunsch-) Kunde und welche Bedürfnisse hat er? Dann können unspezifische Aussagen wie *kundenorientiert* leichter in etwas Spezifischeres umgewandelt werden, wie, „Wir wollen unseren Kunden einen 24-Stunden-Notruf einrichten", oder, „Wir wollen den Kunden zukünftig ermöglichen, Kontakt auch über WhatsApp aufnehmen zu können", oder, „Unsere Kunden sind Geschäftsleute auf internationaler Ebene, also wollen wir auch eine englische Servicehotline anbieten" – was immer Ihren Kunden wichtig ist.

Die anderen Attribute sind für viele Menschen eher nachvollziehbar: Ein Ziel muss messbar sein, es muss also eine Veränderung erkennbar sein (idealerweise in Zahlen oder Größen). Attraktiv ist ein Ziel, wenn es den Mitarbeitenden erstrebenswert erscheint. Dazu muss es realistisch bleiben, darf also nicht allzu träumerisch oder hochgesteckt sein. Attraktiv ja, aber in einem realistisch umsetzbaren Rahmen!

Merken Sie sich stets die SMART-Formel, wenn Sie Ziele setzen. Probieren Sie es direkt aus: Welche Ziele haben Sie für die nahe Zukunft (beruflicher oder privater Natur)? Wie können Sie die Ziele SMART formulieren? Ein Beispiel: Ihr Ziel lautete bisher, „Ich will ein guter Läufer werden". Wenn Sie an die SMART-Formel denken, erkennen Sie sofort, dass das Ziel nicht messbar oder terminiert und auch nicht spezifisch genug ist. Was bedeutet es schon, ein „guter Läufer" zu werden? Und bis wann wollen Sie das erreicht haben – in den nächsten 6 Monaten, 3 Jahren, 10 Jahren? Formulieren Sie Ihr Ziel stattdessen eher so: „Ich möchte bis zum Ende des Jahres/in 5 Monaten dazu in der Lage sein, einen 5-Kilometer-Lauf durchzuziehen". Das Ziel ist spezifisch und messbar (5 Kilometer Lauf als Marke), attraktiv (es ist schließlich Ihr Wunsch, ein besserer Läufer zu werden), realistisch (5 Kilometer sind für die meisten Menschen innerhalb eines kürzeren Zeitraums machbar) und terminiert (bis zum Ende des Jahres/die nächsten 5 Monate als Zeitraum). Probieren Sie es aus und versuchen Sie, mindestens drei Ihrer Ziele auf diese Art umzuformulieren!

Krisenmanagement

Krisenmanagement ist eines der wichtigsten Elemente eines guten Führungsstils. Jedes Unternehmen wird irgendwann in die Situation kommen, in eine Krise zu geraten, und da heißt es vor allem: Einen kühlen Kopf bewahren und sich vernünftig aus der Krise herausarbeiten.

Es gibt mehrere Möglichkeiten, eine Unternehmenskrise zu behandeln. Wichtig ist vor allem, dass Sie, bevor Sie Maßnahmen ergreifen, gründlich prüfen, welche Maßnahmen Ihnen (langfristig) aus der Krise heraushelfen können. Wenn Sie sehen, dass Ihr Unternehmen Gefahr läuft, auf dem Markt nicht Stand zu halten, dann gibt es grundsätzlich vier Handlungsmöglichkeiten: Das sogenannte „Gesundschrumpfen", das Sparen, das Übertrumpfen und das eigenständige Wachsen.

Das Gesundschrumpfen ist hilfreich, wenn Sie feststellen müssen, dass der Erfolg Ihres Unternehmens von unwirtschaftlichen Produkten oder Marktbereichen gefährdet wird. Es kann beispielsweise sein, dass ein Service, der das Unternehmen bei seiner Gründung vor 40 Jahren erfolgreich gemacht hat, heute nicht nur völlig unbrauchbar, sondern so überholt ist, dass er aufgrund seiner unmodernen Art den Erfolg im heutigen Zeitalter bremst. Solche Strategien können etwa auf altmodische und nicht mehr zeitgemäße Werte setzen (etwa klare Geschlechtertrennung, Rassentrennung, sogenannte Elite-Einheiten, während heutzutage mehr Diversität gefragt ist). Finden Sie solche Ausbremser, dürfen Sie nicht zögern, sie abzustoßen – auch wenn sie als eine der erfolgreichsten Strategien damaliger Zeiten gelten. Denken Sie daran: Modern Leading bedeutet auch, alles, was nicht mehr zeitgemäß und brauchbar ist, auszusortieren.

Das Sparen ist recht selbsterklärend: Versuchen Sie, Kostenfallen zu finden und Kosten einzusparen, wo es möglich und sinnvoll ist. Das betrifft vor allem Unternehmen, die aufgrund zu hoher Ausgaben nicht mehr mithalten können. In den meisten Unternehmen gibt es Bereiche, die finanziell optimierbar sind. Überprüfen Sie dafür die Ausgabeposten und schauen Sie, in welchen Bereichen Sie Einsparungen vornehmen können. Opfern Sie jedoch nichts, was für die Existenz oder die Zukunft des Unternehmens wichtig ist! Einsparungen um jeden Preis sind wirtschaftlich alles andere als nachhaltig. Als Leitung müssen Sie einen Blick für die Bereiche und Leistungen haben, die in der Zukunft essentiell sein werden.

Das sogenannte Übertrumpfen ist dann sinnvoll, wenn Ihr Unternehmen im Grunde keine ausbremsenden Schwachstellen hat, der Markt jedoch zu voll von ähnlichen Unternehmen ist. Dann kann es sinnvoll sein, die Unternehmenskapazitäten nicht nur beizubehalten, sondern sogar zu erweitern. Ein Qualitätswettbewerb oder Preiskampf kann dafür sorgen, dass Sie sich auf dem Markt behaupten und gegen die Konkurrenten durchsetzen (sofern Sie sich den Preiskampf leisten können).

Dafür kann es notwendig sein, kurzfristig höhere Ausgaben in Bezug auf Ressourcen tätigen zu müssen – im Zweifelsfall auch durch das Überzeugen etwaiger Geldgeber. Langfristig kann diese Strategie Ihr Unternehmen allerdings retten.

Das Wachsen zielt schließlich vorwiegend darauf, den Kundenstamm zu erweitern. Dabei werden Sie versuchen müssen, so viele neue Kunden wie möglich zu gewinnen, beispielsweise durch eine Produkterweiterung oder durch das Erschließen neuer Märkte. Auch diese Strategie kann helfen, wenn auf dem Markt zu viel Konkurrenz ist oder wenn sich Ihr Geschäft an Ihrem Standort nicht so etablieren kann, wie Sie es gewollt haben (obwohl kaum Konkurrenz vorhanden ist).

Ein Cafébetreiber könnte beispielsweise darauf setzen, zusätzlich ein paar vegane Optionen anzubieten, wenn dieser Trend gerade größer wird. Auch diese Strategie kann kurzfristig mit erhöhten Investitionen verbunden sein, langfristig allerdings dafür sorgen, dass sich Ihr Unternehmen auf dem Markt etabliert.

Übung 1: Gehen Sie die folgenden Beispiele durch und überlegen Sie, wie Sie vorgehen würden.

1. Ein Café kann auf dem Markt nicht mithalten, weil seit kurzem zwei neue Cafés in der gleichen Gegend aufgemacht haben und die Kundschaft sich aufteilt. Welche Krisensituation liegt vor? Welche Strategie(n) könnte(n) hilfreich sein?
2. Ein Baumarktbetreiber, der bislang durchschnittliche Ware zu durchschnittlichen Preisen angeboten hat, kann auf dem Markt mit der Konkurrenz nicht mehr mithalten. Was könnte die Lösung sein?
3. Aufgrund der zurückgehenden Wirtschaft erhält ein Marketing-Unternehmen nicht mehr ausreichend Einnahmen, um alle Ausgaben zu decken. Welche Strategie könnte das Unternehmen ausprobieren?

Übung 2: Gehen Sie alle vier verschiedenen Strategien einmal genau durch. Wüssten Sie, wo Sie anfangen sollten, wenn Ihr Unternehmen in einer Krise stecken würde? Es kann viel Zeit kosten, beispielsweise alle möglichen Einsparpotenziale zu erschließen, aber es lohnt sich zu Übungszwecken, alle Möglichkeiten hypothetisch einmal durchzuspielen.

Nehmen Sie sich einen Moment Zeit und versuchen Sie, sich zumindest kurz mit einer groben Idee in jede der vier Möglichkeiten hineinzudenken – und wer weiß, vielleicht fällt Ihnen ja sofort auf, dass es auch in Ihrem Unternehmen fragwürdige und überholte Strategien oder an bestimmten Stellen eindeutige Einsparpotenziale gibt?

Konfliktlösungsmanagement

Erarbeiten Sie ein gutes Konfliktmanagement! Wenn Sie klare Strukturen und Methoden vor Augen haben, wie Sie an Konflikte herangehen und sie lösen wollen, wird es wesentlich einfacher für Sie, die Praxis dessen umzusetzen. Das sorgt für Entspannung und konstruktivere Diskussionen im gesamten Team.

Ein gutes Konfliktmanagement muss natürlich auf das jeweilige Team angepasst sein. Drei wichtige Punkte gehören zu jedem Konfliktmanagement: Aufmerksames Zuhören, die richtige Sprache und lösungsorientiertes Handeln. Zuhören ist vor allem deshalb wichtig, weil Sie Konflikte zunächst erkennen müssen. Je früher Sie erkennen, dass es Probleme gibt – ob zwischen Ihnen und den Mitarbeitern oder bei den Teammitgliedern untereinander –, desto effektiver können Sie eingreifen. Warnsignale für erhöhtes Konfliktpotenzial sind u. a.:

1. Vermehrtes Tratschen, Gerüchteküche und Heimlichkeiten
2. Häufigere Fehltage bestimmter Kollegen

3. Veränderungen im Arbeitsverhalten, in der Leistung bestimmter Mitarbeiter

4. Veränderungen im Sozialverhalten der Mitarbeiter

5. Steigender (scheinbar unnötiger) Konkurrenzkampf unter den Teammitgliedern

Sind die Konflikte erkannt, müssen sie gelöst werden. Gerade die richtige Sprache kann dabei ein sehr mächtiges Werkzeug sein. Sie haben beispielsweise sicherlich bereits davon gehört, dass Du-Botschaften weniger effektiv wirken als Ich-Botschaften? Eine Du-Botschaft lautet beispielsweise, „Du hast mir wichtige Informationen vorenthalten", während eine Ich-Botschaft eher formulieren würde, „Ich fühle mich in Bezug auf den Informationsaustausch ausgeschlossen". Auf welche Botschaft würden Sie zugänglicher reagieren? Solche Methoden mögen klein erscheinen, können aber gerade in hitzigen und emotionalen Situationen einen bedeutenden Unterschied machen.

Nutzen Sie die Macht der Sprache und lernen und lehren Sie im Team, wie Sie Missverständnisse und Streitigkeiten effektiv vermeiden können. Stellen Sie Mediatoren ein, die in extremen Konfliktsituationen vermitteln. Das können entweder neutrale interne Personen sein oder professionelle Mediatoren, die Sie bezahlen. Je nach Situation kann es vorteilhaft sein, jemanden von außen dazu zu holen. Mediatoren wissen genau, welche Sprache sie verwenden müssen, um niemanden anzugreifen, gegenseitiges Verständnis zu entwickeln und allen Beteiligten das Gefühl zu geben, gehört zu werden.

Ein gutes Konfliktmanagement löst Konflikte natürlich nicht nur, sondern beinhaltet auch Strategien, die Konflikten vorbeugen. Als Führungskraft können Sie viele Maßnahmen treffen, die das Konfliktpotenzial verringern. Dazu gehören die folgenden:

1. Besetzen Sie Positionen klug und verteilen Sie Aufgaben und Verantwortungen fair und sinnvoll.

2. Vermeiden Sie konkurrenzschürendes Verhalten.

3. Erklären Sie Entscheidungen.

4. Klären Sie sorgsam die jeweiligen Rollen und Verantwortungsbereiche.

5. Führen Sie eine offene Feedback-, Kritik- und Kommunikationskultur.

6. Setzen Sie Ressourcen klug ein.

7. Planen Sie klug voraus und lassen Sie Ihr Team von der Planung über die zukünftige Arbeitsbelastung und -verteilung wissen.

8. Sorgen Sie für ein freundliches und respektvolles Betriebsklima.

9. Vermeiden Sie Gerüchteverbreitung und Heimlichkeiten.

10. Sorgen Sie für Team bildende Maßnahmen.

Bauen Sie Ihr Konfliktmanagement nach und nach so gut es geht aus, testen und überdenken Sie Ihre Strategien ruhig und überprüfen Sie regelmäßig, ob sich alles in einem Rahmen hält.

Exkurs: Manipulation in Führungspositionen?

Manipulation bedeutet das gezielte Beeinflussen eines Menschen, ohne dass dieser die Beeinflussung bemerkt. Und sie begegnet uns im Alltag häufiger, als wir es uns manchmal bewusst sind. Sie ist Teil von Werbung und Social Media und kann von geschickten (Hobby-) Psychologen eingesetzt werden, um jede Menge Alltagsgewohnheiten zu beeinflussen.

Manipulation muss nicht immer kompliziert sein und von großen Reden getragen werden. Oft sind es kleine Hinweise, das Einschleichen von unscheinbaren Zahlen, Bildern und Worten, die für die erfolgreichste Manipulation sorgen.

Auch im Arbeitsalltag kann Manipulation ein bedeutungsträchtiges Schlagwort sein. Einige Menschen neigen dazu, ihre Teamkollegen und Leitungskräfte gezielt zu manipulieren, um ihre eigene Karriere zu fördern. Dann wieder gibt es Menschen, die auf psychologische Tricks zurückgreifen, die teilweise auch als Manipulation bezeichnet werden können, um das Team zu „besserer" Arbeit zu bewegen. Sie haben dabei gar nicht zwangsläufig einen Karriereaufstieg im Kopf, sondern schlichtweg eine Verbesserung der Zielstrebigkeit und des besseren Laufens des Unternehmens. Auch die Leitungen vieler Unternehmen versuchen teilweise, mit Manipulation ihr Team zu einer Arbeitshaltung zu bringen, die sie als erstrebenswert betrachten.

Manipulation hat jedoch bei den meisten Menschen einen negativen Beigeschmack. Selbst diejenigen, die sie einsetzen, haben nicht selten im Nachhinein ein schlechtes Gewissen oder wollen sich die Manipulation selber gar nicht eingestehen. Dabei ist das Beeinflussen anderer oftmals gar nicht das, was die meisten Menschen an dem Begriff stört. Es ist vielmehr die Assoziation der Manipulation mit unlauteren Zielen, die die überwiegende Mehrheit hegt. Zu derartigen Zwecken ist Manipulation natürlich nicht das Mittel der Wahl einer guten Führungskraft, allerdings sollte diese die unlauteren Ziele schon gar nicht vorhaben. Sie wollen schließlich ein gutes Vorbild sein und nicht mit heimlichen Tricks zu Ihrem eigenen Vermögen kommen, koste es, was es wolle. Allerdings gibt es auch kleine, harmlose Manipulationen. Im Grunde beeinflussen wir einander ständig und häufig sehr unbewusst. Wenn Sie Ihren Kollegen um einen Gefallen bitten und dabei Ihr charmantestes Gesicht aufsetzen und Ihre freundlichste Stimme nutzen, machen Sie das im Prinzip auch manipulativ, denn Sie setzen gezielt Freundlichkeit und Sympathie ein, um ein „Ja" zu erhalten. Sie könnten schließlich auch schreien oder platt und lieblos sprechen. Doch Sie wissen, dass das unhöflich wäre und dass Ihr Gegenüber Ihnen den Gefallen so viel weniger gern machen würde.

Denken Sie kurz nochmal an das Beispiel der Familienführung. Eltern wissen genau, dass sie jeden Tag ein wenig tricksen müssen, um den Hausfrieden aufrechtzuerhalten. Auch hier ist der Vergleich Familie und Unternehmen durchaus passend, denn wenn wir ehrlich sind, sind die kleinen Tricks der Eltern häufig auch nichts anderes als leichte Formen der Manipulation. Das sind häufig Sätze wie, „Das ist deine Entscheidung, aber du weißt, was ich davon halte" (hier wird eine freie Entscheidung suggeriert, aber klar zum Ausdruck gebracht, dass es eine vermeintlich richtige und eine falsche Entscheidung gibt), und Spiele wie, „Wer kann sich am schnellsten anziehen?", „Wer kann in 5 Minuten die meiste Wäsche falten", und ähnliche Tricks, um Kinder zu Handlungen zu bringen, auf die sie sonst keine Lust hätten. Ob Tricks wie das Anziehen-Spiel langfristig sinnvoll sind, sei dahingestellt (meistens durchschauen die Kinder diese Tricks spätestens nach wenigen Jahren), doch sie können kurzfristig dafür sorgen, dass trotz frühen Aufstehens Ruhe ist und jeder pünktlich am Tisch sitzt – sie sind in der Regel ja auch recht harmlos.

In der Arbeitswelt gibt es ebenfalls kleine Tricks, die im Grunde harmlos sind, doch einen gewissen manipulativen Effekt mit sich bringen. Eine dieser Möglichkeiten ist die sogenannte Autoritätstaktik, auch als „authority bias" bekannt. Wissenschaftlich wurde erwiesen, dass die meisten Menschen eher dazu geneigt sind, einem Rat oder einer Anweisung zu folgen, wenn diese von einem (vermeintlichen) Experten stammt. Das ging in zahlreichen Studien teilweise sogar so weit, dass es ganz egal war, ob der Experte vom Fach war oder nicht. Oftmals reichte bereits ein hoher Titel in einem völlig anderen Fachbereich, nur, weil er Autorität und damit vermeintliches Wissen ausstrahlte. Nun befinden Sie sich als Leitungskraft ohnehin schon in einer Autoritätsfunktion, können diesen Effekt jedoch noch weiter ausbauen, indem Sie in Ihren

Ansagen und Diskussionen geschickt nochmal Ihren Titel, Ihre Abteilung oder auch die Meinung anderer Experten einfließen lassen. Beispiele dafür sind Sätze wie, „Gemeinsam mit unserem CEO habe ich besprochen, dass es das Beste sei, wenn…", „Wir im Management-Team sind der Meinung…", „Die Geschäftsleitung hat die gleichen Bedenken geäußert…", „Herr X, der ja Experte in diesem Themengebiet ist, meint…" usw. Natürlich sollen Sie diese Äußerungen nicht verwenden, nur, um Ihre Macht zu unterstreichen. Falls Sie aber durchaus gute Argumente haben und die Aussagen der anderen Experten und Autoritätspersonen tatsächlich hilfreich sind, schadet es nicht, sie einzusetzen, um ihre Bedeutung nochmal zu unterstreichen.

Daneben gibt es aber auch Manipulationstaktiken, die weniger zielführend sind. Dazu gehören beispielsweise:

1. Die Gegenseitigkeitsfalle
2. Die Evidenztaktik
3. Die Garantietaktik

Die Gegenseitigkeitsfalle beruht auf dem Prinzip, „Wie du mir, so ich dir". Bei dieser Taktik wird dem Gegenüber zuerst ein Gefallen getan, eine kleine Aufmerksamkeit überreicht oder etwas Ähnliches, vermeintlich „Nettes" getan, was der andere nicht abschlagen kann. Wie soll eine Aufmerksamkeit vom Chef auch abgeschlagen werden? Durch diese vermeintliche Nettigkeit wird der Gegenüber jedoch dazu gedrängt, sich mit einem ähnlichen Gefallen zu revanchieren. Tut er das nicht, leidet er unter einem schlechten Gewissen. Diese Taktik ist für erfolgreiches Modern Leading nicht geeignet, denn Sie nutzt falsche Freundlichkeit aus und sorgt eher für eine instabile Beziehung zwischen Chef und Mitarbeitenden.

Die Evidenztaktik wird eingesetzt, wenn Aussagen so formuliert werden, dass sie keinen Spielraum für Zweifel lassen. Das fällt meistens mit Satzanfängen auf, wie etwa, „Es ist ja wohl allen klar, dass…", „Es besteht kein Zweifel, dass...", „Unstrittig ist, dass...", „Zweifellos...". Solche Gesprächsanfänge sollen vermeiden, dass andere Kritik üben, denn es wurde ja bereits unmissverständlich festgestellt, dass für Zweifel kein Raum ist. Wie Sie jedoch bereits zuvor gelernt haben, sind berechtigte Kritik und ehrliches Feedback beim Modern Leading durchaus erwünscht. Sie wollen Ihre Mitarbeitenden ja gerade zum Mitdenken motivieren. Wenn Sie stattdessen die Evidenztaktik nutzen, nur, um Ihren Willen zu bekommen, legen Sie dem wieder Steine in den Weg.

Die Garantietaktik schließlich nutzt vermeintliche Garantien und Versprechen, um ans Ziel zu kommen. Anstatt zu sagen, „Ich denke, dass es das Beste ist, wenn...", werden Sätze wie, „Ich garantiere Ihnen, dass es das Beste ist, wenn...", verwendet. Auch Floskeln wie, „Vertrauen Sie mir, Sie werden es nicht bereuen, das verspreche ich Ihnen!", sind bei dieser Taktik sehr beliebt. Auch dies ist jedoch nicht zielführend, denn es schneidet Kritik und Feedback eher ab.

Zusammenfassend lässt sich festhalten: Manipulation muss nicht immer als etwas Negatives betrachtet werden. Sie kann harmlos und in einem kleinen Rahmen stattfinden und zielt nicht zwangsläufig auf böse Absichten. Es gibt durchaus Taktiken, die sinnvoll und hilfreich sein können. Zu viele Tricks sind jedoch unerwünscht. Vor allem sollten Sie sich der Konsequenzen der Taktiken bewusst sein und klar unterscheiden lernen, welche Taktiken harmlos und hilfreich und welche eher kontraproduktiv und hinterhältig sind.

Auf den Punkt gebracht - die wichtigsten Tipps für Modern Leading

In diesem Kapitel werden die wichtigsten Erkenntnisse für Sie zusammengefasst und auf den Punkt gebracht. Erhalten Sie die wichtigsten Fakten komprimiert und merken Sie sich diese Punkte im Besonderen!

1. KENNEN SIE DIE WICHTIGEN GRUNDVORAUSSETZUNGEN

So viele neue Methoden und Technologien auch dazu kommen - einige Leadership-Voraussetzungen scheinen sich niemals zu ändern. Gewisse Basisfähigkeiten braucht jeder gute Leader - dazu gehören beispielsweise Disziplin, Durchsetzungsvermögen, Organisationsgeschick und natürlich ein gewisses Maß an Fachkompetenzen Ihrer Branche. Mehr zu den Grundvoraussetzungen können Sie jederzeit im ersten Abschnitt dieses Buches nachlesen.

Wichtig ist vor allem, dass Sie diese Fähigkeiten nicht nur kennen, sondern wirklich verinnerlichen und umsetzen. Sie sollten wissen, dass Sie das notwendige Know-how mitbringen, um ein guter Leader zu sein - oder zumindest verstehen, an welchen Stellen Sie noch arbeiten müssen. Ohne diese Basis ist gute Leadership langfristig nicht möglich. Vernachlässigen Sie auch bei aller Begeisterung für neue Ideen und Techniken nicht die Grundsubstanz einer Führungskraft.

2. SEIEN SIE OFFEN FÜR NEUE SKILLS UND METHODEN

Offenheit für Neues ist unerlässlich, wenn Sie ein Unternehmen langfristig mit Erfolg leiten wollen. Die Welt verändert sich stetig und heutzutage mit größerer Geschwindigkeit denn je. Wer nicht mithalten kann oder möchte, wird leicht abgeschüttelt. Sie brauchen als moderner Leader daher ein gutes Maß an Offenheit. Es ist wichtig, sich diese Offenheit zu bewahren, egal, wie viel Erfahrung Sie irgendwann bereits gesammelt haben. Sie haben schließlich gelernt: Der Zeitgeist kann auch die früher bestens bewährten Theorien und Methoden verblassen lassen.

Veränderungen in der Gesellschaft oder Technik können dafür sorgen, dass auch ihre langjährigen Erfahrungen und Vorstellungen nicht mehr zeitgemäß und nicht mehr in allen Bereichen brauchbar sein werden. Wenn Sie sich Offenheit für Neues bewahren und gewillt sind, modernen Vorstellungen und Möglichkeiten zumindest eine Chance zu geben (sofern Sie in Ihrer Firma sinnvoll sein können), werden Sie es auf dem Arbeits- und Unternehmensmarkt wesentlich leichter haben. Verschließen Sie sich also nicht vor unbekannten Dingen, nur, weil Sie noch nie zuvor etwas von ihnen gehört haben – sie könnten gerade der Schlüssel zum nächsten Erfolgsschritt sein!

3. LERNEN SIE DIE BALANCE ZWISCHEN ALTBEWÄHRTEN UND MODERNEN TECHNIKEN

Bei aller Offenheit für neue Methoden und Techniken dürfen Sie die Balance zwischen dem Modernen und dem Altbewährten nicht vergessen. Denken Sie daran: Generationsübergreifendes Agieren kann Ihnen einen entscheidenden Vorteil bringen. Vergessen Sie also bei allem Enthusiasmus für eine neue Arbeitsweise und moderne Medien nicht die langjährigen Erfahrungswerte älterer Generationen und hören Sie nie auf, zu hinterfragen, wo Altes ausgetauscht werden muss und wo Neues wirklich sinnvoll oder notwendig ist (und wo nicht).

Der Schlüssel zu erfolgreichem Modern Leading liegt nicht in dem zwanghaften Umsetzen aller neuen Maßnahmen, sondern in der Balance!

4. SEIEN SIE EIN VORBILD!

Modern Leading bedeutet, für zukünftige Generationen ein Vorbild zu sein. Sie führen Ihr Team nicht nur an, um Ihre Arbeitsjahre erfolgreich werden zu lassen, sondern auch, um als gutes Vorbild voranzugehen und zukünftigen Nachfolgern zu zeigen, wie es geht. Sie ebnen den Weg für die nächste Generation und zeigen ihnen, was es bedeutet, ein guter Leader zu sein.

Gleichzeitig zeigen Sie mit diesem Verhalten beispielhaft in jedem Teilbereich, dass Sie selber leisten, was Sie von Ihrem Team erwarten. Anstatt leere Parolen zu schreien, zeigen Sie Ihnen deutlich, dass Sie selber zu dem in der Lage sind, was Sie von Ihren Mitarbeitenden erwarten.

Sie beweisen Disziplin, halten sich an Ihre Werte, halten Ihre eigenen Vorgaben ein und gehen zielgerichtet auf Ihre Visionen zu. Sind Sie ein gutes Vorbild, folgen Ihnen die Mitarbeitenden mit Freude und Motivation anstatt aus einem Zwangsgefühl heraus.

5. KENNEN SIE IHRE BRANCHE UND IHR TEAM

Wie bereits mehrfach erwähnt wurde, kommt es immer ein wenig auf Ihre Branche und Ihr Team an, ob eine Strategie sinnvoll oder hinderlich ist. Analysieren Sie Ihren Arbeitsbereich daher regelmäßig und lernen Sie ihn so gut es geht von allen Seiten kennen. Fragen Sie sich ruhig immer, wenn Sie von einer neuen Methode hören, ob dies in Ihrem Arbeitsfeld sinnvoll ist, ob dies für Ihr Vorhaben zielführend ist oder welche Dinge im Weg stehen könnten.

Ein Pro-Tipp: Suchen Sie immer nach dem Gegenbeweis! Wenn Sie von einer guten Strategie hören, überlegen Sie nicht gezielt, wieso sie bei Ihnen funktionieren könnte, sondern wieso sie *nicht* funktionieren könnte. So können Sie viel sicherer sein, dass Ihnen nichts entgeht.

Bonuskapitel: Selbsttest

Beantworten Sie die Fragen möglichst ehrlich und gewissenhaft. Bei jeder Antwortmöglichkeit gibt es einen oder keinen Punkt, je nachdem, wie Sie antworten. Die zusammenaddierten Punkte ergeben dann Ihr ganz individuelles Ergebnis. So erhalten Sie eine realistische Einschätzung zu Ihrer eigenen Person. Es geht dabei nicht um das Punktesammeln, sondern nur um Sie selbst und Ihre Ehrlichkeit. Nun zum Test:

KÖNNEN SIE ANDERE MOTIVIEREN?

- Wenn ich selbst von etwas überzeugt bin, reißt meine Motivation die anderen mit. Meine Leidenschaft und mitreißende Persönlichkeit sind mehr als überzeugend und genau das steckt die Mitarbeiter an. **(1 Punkt)**
- Ich gehe nicht aus mir heraus und kann dadurch keine Überzeugungskraft leisten. Mein Kampfgeist ist nicht präsent, das zeigt sich auch negativ den Mitarbeitern gegenüber. **(0 Punkte)**

WIE SIEHT ES BEI SCHWIERIGEN ENTSCHEIDUNGEN AUS?

- Ich kann Entscheidungen treffen und sie auch vertreten. Es ist meine Stärke, Argumente verschiedenster Art gut abzuwägen, meinen Entschluss mit meinem Selbstbewusstsein durchzuführen und gegen die Meinung anderer uneingeschränkt zu verteidigen und vertreten. **(1 Punkt)**
- Ich bin eher der Typ, der hofft, dass sich die Entscheidung von selbst erledigt, und warte in solchen Situationen lieber ab. Zudem kann ich meinen Standpunkt nicht vertreten. **(0 Punkte)**

WELCHE EINSTELLUNG HABEN SIE ZU RISIKO?

- Wenn sich der Einsatz lohnt, ist dieses Vorhaben ein Risiko wert, wenn gute Chancen des Erfolgs bestehen. Meine Risikofreude ist aber dennoch gut einschätzbar und ein positiver Aspekt für das Unternehmen. **(1 Punkt)**
- Ich bin eher vorsichtig und habe Angst vor unerwarteten Entwicklungen. Kann ich etwas nicht einschätzen oder kalkulieren, steht meine Risikofreude weit hinten an. **(0 Punkte)**

KÖNNEN SIE AUFGABEN DELEGIEREN?

- Wenn ich mir sicher bin, dass mein Mitarbeiter in einem bestimmten Bereich die besseren Karten aufweist, wird ihm diese Aufgabe zugeteilt. Er ist dafür besser qualifiziert als ich. **(1 Punkt)**
- Ich erledige die Aufgaben lieber selbst, dann muss ich im Nachhinein nicht nach Fehlern suchen. **(0 Punkte)**

KÖNNEN SIE ZIELE FÜR ANDERE ERREICHEN UND DURCHSETZEN?

- Da ich mir selbst ständig Ziele setze, ist es kein Problem für mich, mich für andere einzusetzen und ihr Vorhaben und das damit verbundene Ziel durchzusetzen. Gerade die Zielsetzungen motivieren und sorgen für eine Selbstbestätigung. **(1 Punkt)**
- Ich konzentriere mich auf das Alltagsgeschehen und verliere hin und wieder meine Ziele wie auch die anderer aus den Augen. **(0 Punkte)**

WIE STEHT ES UM IHRE KOMMUNIKATIONSFÄHIGKEIT?

- Eine gute Kommunikation ist in Führungspositionen unerlässlich und der Erfolgsfaktor schlechthin. Daher mache ich klare Ansagen und sage auch, was ich von meinen Mitarbeitern erwarte. Diese Fähigkeiten machen mich aus und so vermeide ich diverse Missverständnisse im Vorfeld. **(1 Punkt)**
- Ich halte einige Dinge für selbstverständlich, und daher schleichen sich Fehler ein, da meine Kommunikationsfähigkeit noch zu wünschen übrig lässt. Daran muss ich noch arbeiten. **(0 Punkte)**

WIE VERHALTEN SIE SICH BEI RÜCKSCHLÄGEN?

- Der Erfolg wie die Niederlage gehören zum Geschäftsleben. Ich lerne daraus und bin damit für Rückschläge gewappnet. **(1 Punkt)**
- Wenn etwas zu scheitern droht, nagt das an meinem Selbstbewusstsein und ich nehme die Sache persönlich. Zudem habe ich damit eine Zeit lang zu kämpfen. **(0 Punkte)**

KÖNNEN SIE AUCH HART ARBEITEN UND SIND SIE BEREIT DAZU?

- Ich bin ein Vorbild, wenn es um Überstunden und Mehrarbeit geht. Da gehe ich mit einem guten Beispiel voran. **(1 Punkt)**
- Ich leiste selten Mehrarbeit, da ich mit meinen Aufgaben ausgelastet bin. **(0 Punkte)**

KÖNNEN SIE VERANTWORTUNG ÜBERNEHMEN?

- Ich würde gerne die Verantwortung für größere Aufgaben übernehmen und stehe auch zu möglichen Fehlern. Diese Größe muss man in guten wie in schlechten Zeiten beweisen. **(1 Punkt)**
- Ich bin ganz froh, wenn meine Defizite bei großen Besprechungen eher in der Masse der Leute untergehen. **(0 Punkte)**

WIE GUT KÖNNEN SIE PROBLEME LÖSEN?

- Ich behalte bei Problemen einen kühlen Kopf, aber arbeite auch an mir. So komme ich besser zu einem guten Ergebnis. **(1 Punkt)**
- Leider konzentriere ich mich mehr auf die Probleme als auf deren Lösungen. Der zündende Gedanke mit Erfolgsgarantie und Widergutmachungspotenzial bleibt oftmals aus. **(0 Punkte)**

SIND SIE KRITIKFÄHIG?

- Man kann nur an sich arbeiten und seine Leistung steigern, wenn man auch kritikfähig ist. Zudem wird man auf mögliche Defizite aufmerksam gemacht. **(1 Punkt)**
- Ich fühle mich persönlich angegriffen und bin nicht sonderlich begeistert, wenn andere meine Leistung beurteilen. **(0 Punkte)**

WIE GEHEN SIE MIT STRESS UM?

- Wird der Stress nicht zu einem Dauerzustand, kann ich gut damit leben. Daraus lerne ich, meine Prioritäten zu setzen und einen kühlen Kopf zu bewahren. **(1 Punkt)**
- Ich bin teilweise erschöpft und überanstrengt, was sich gesundheitlich widerspiegelt. Mit Stressphasen kann ich nicht gut umgehen. **(0 Punkte)**

WIE GUT KÖNNEN SIE SICH IN ANDERE HINEIN-VERSETZEN?

- Ich würde mich als empathisch bezeichnen und kann mich gut in andere hineinversetzen. Man kann sich mir sehr gut anvertrauen. **(1 Punkt)**
- Es ist nicht immer leicht für mich, meine Mitarbeiter und ihre Belange zu verstehen. Ich versetze mich nicht oft in sie hinein. **(0 Punkte)**

DIE AUFLÖSUNG:

Der Selbsttest ist keine Garantie dafür, dass man eine gute Führungskraft ist, aber ein guter Hinweis darauf. Denn er gewährt Einblicke, wie man einiges eventuell besser machen kann.

Sie bringen gute Voraussetzungen mit, wenn Sie mehr als **9 Punkte** erreicht haben. Liegen Sie zwischen **6 und 8 Punkten**, so ist das der goldene Mittelweg. Dennoch sollten Sie in Ihrer Rolle als Führungskraft noch etwas an sich arbeiten. Vielleicht liegt Ihnen der Chefsessel noch nicht ganz bei **0 bis 5 Punkten** und Sie müssen Ihr Vorhaben noch einmal überdenken.

Schluss

In den vorangegangenen Kapiteln wurde Ihnen alles Wissenswerte zum Thema Modern Leading nahegebracht. Sie haben eine Vielzahl an theoretischem Wissen und praktischen Übungen für modernes Leiten erhalten und sind nun bestens vorbereitet, Ihre Leitungsposition gemäß des Modern Leading-Prinzips anzutreten. An dieser Stelle noch ein paar abschließende Worte für Ihren weiteren Weg:

Modern Leading bedeutet vor allem, bereit zu sein, sich dem Zeitgeist anzupassen, wenn es sinnvoll oder gar notwendig wird. Es kann sehr verlockend und bequem sein, sich an alten, lieb gewonnen Gewohnheiten festzuhalten, doch wenn Sie langfristig erfolgreich und als Leader ein Vorbild bleiben wollen, dann müssen Sie sich Ihre Offenheit für Neues beibehalten. Lassen Sie sich nicht auf den Gedanken bringen, dass eine Umstellung auf eine neue Technik oder Methode bedeutet, dass Ihre alten Ideen nichts mehr wert seien. Sie können teilweise immer noch sehr wichtig sein oder waren es zumindest eine Weile lang. Alle Ihre Erfahrungen und Versuche sind wertvolle Bausteine auf Ihrem Erfolgsweg.

Vergessen Sie nicht, dass Sie als guter Leader einem Team vorangehen, dem Sie den Weg ebnen wollen. Behalten Sie Ihre Vorbildfunktion stets im Hinterkopf und fragen Sie sich, wenn Sie sich unsicher sind, welche Lehre Sie Ihrem Team zeigen wollen! Oftmals hilft dieser Gedankengang ganz erheblich bei der Entscheidungsfindung.

Verzweifeln Sie nicht, wenn Ihnen nicht auf Anhieb alles gelingt. Sie wissen ja: Es ist kein zauberhafter Wechsel über Nacht vom Beginner zum Leader-Profi. Modern Leading bedeutet auch, dass permanent weiter gearbeitet wird und dass Raum für Veränderungen besteht.

Gehen Sie mit der Zeit oder besser noch: Wachsen Sie mit der Zeit!

Wörterlexikon

Die wichtigsten Fachbegriffe geklärt:

• Autokratisch = autoritär, alleinherrschend; ein Autokrat ist ein Alleinherrscher

• Du-Botschaft = eine Botschaft, die den Gegenüber gezielt anspricht und sein Verhalten in den Fokus rückt, meistens in Kombination mit Schuldvorwürfen und gezieltem Attackieren; das Gegenteil von Ich-Botschaften

• EQ = Emotionaler Intelligenzquotient; Fähigkeit, Emotionen zu erkennen, zu verstehen, zu nutzen und zu beeinflussen

• Great-Man-Theory = Die Theorie, dass eine Person (in der Regel ein Mann) mit den Eigenschaften einer Führungskraft bereits geboren wird (oder nicht) und diese Merkmale überwiegend nicht erlernbar sind

• Ich-Botschaft = eine Botschaft, die die eigene Wahrnehmung und Empfindungen in den Mittelpunkt stellt, meistens mit Emotions- und Bedürfniserklärungen; das Gegenteil von Du-Botschaften

• Laissez-faire = wörtlich: machen lassen; viel Freiheiten geben, ohne Kontrolle

• Leader = Ein Anführer, eine Leitungs- oder Führungskraft

• Nice-to-have = Etwas, das zwar angenehm ist, wenn es vorhanden ist, ohne das es aber fast genauso gut geht; ein nice-to-have kann beispielsweise eine Aufgabe ein wenig leichter machen, ist aber nicht notwendig, um die Aufgabe produktiv und vollständig zu bearbeiten

• SMART = Spezifisch, messbar, attraktiv, realistisch, terminiert; Ziele müssen SMART gesetzt sein

• Skills = Fähigkeiten, Kompetenzen

• Teambuilding/Team bildende Maßnahmen = Das Aufbauen eines echten Teams mit Gemeinschaftsgefühl, das Stärken des gegenseitigen Vertrauens/Maßnahmen, die zum Teambuilding führen

Quellenverzeichnis

- https://www.a-m-t.de/fileadmin/download/Per03.pdf
- https://arbeits-abc.de/familienhaushalt-wie-ein-unternehmen-fuehren/
- https://arbeits-abc.de/transparenz-paradoxon/#:~:text=Transparenz%20ist%20die%20%E2%80%9EDurchsichtigkeit%E2%80%9C%2C,das%20Verhalten%20Ihrer%20Mitarbeiter%20haben.
- https://www.bbw-weiterbildung.de/Charlottenburg-Haus-der-Wirtschaft/Konfliktloesungsmanagement-Konflikte-kompetent-erkennen-und-loesen.html
- https://www.bei-training.com/teamarbeit-vorteile-nachteile-spielregeln/
- https://beratung-fabry.de/fuehrungskonzepte-im-historischen-ueberblick/
- https://www.berufsstrategie.de/bewerbung-karriere-soft-skills/emotionale-intelligenz.php
- https://www.betriebswirtschaft-lernen.net/erklaerung/fuehrungsmittel-einer-fuehrungskraft/
- https://blog.hays.de/vier-wichtige-eigenschaften-von-fuehrungskraeften-mit-grosser-empathie/#:~:text=Eine%20empathische%20F%C3%BChrungskraft%20ist%20sich,sich%20selbst%20gegen%C3%BCber%20Empathie%20haben.
- https://www.brgdomath.com/psychologie/motive-und-emotionen-tk-4/formen-der-motivation/
- https://business-elf.de/unbewusste-motive-und-bewusste-motive/
- https://www.business-wissen.de/artikel/alte-konzepte-wie-veraltet-sind-ihre-fuehrungskonzepte/
- https://www.business-wissen.de/artikel/gespraechstaktik-wie-chefs-mitarbeiter-sprachlich-manipulieren/
- https://www.business-wissen.de/artikel/leadership-diese-eigenschaften-

und-faehigkeiten-sollten-fuehrungskraefte-mitbringen/

• https://change-leadership.org/10-eigenschaften-wirklich-erfolgreicher-fuehrungskraefte/

• https://www.clevis.de/ratgeber/konfliktmanagement-im-unternehmen/

• https://cit-leadership.com/managementstil-verbessern/

• https://coach-und-mentor.de/aktives-zuhoeren-fuehrungskraefte/

• https://coach-und-mentor.de/fuehrungskompetenz-empathie/

• https://der-leiterblog.de/2017/05/22/zuhoeren-schluesselkompetenz-einer-fuehrungskraft/

• https://die-coaching-akademie.de/aktuell/generationskonflikte/

• https://factorialhr.de/blog/fuehrungsstile-arten/

• https://www.gruender.de/hr-office/generationskonflikt-am-arbeitsplatz/

• https://www.gruendungswerkstatt-deutschland.de/prinzipien-der-unternehmensf%C3%BChrung

• https://www.impulse.de/management/personalfuehrung/generationskonflikte-in-unternehmen/7367749.html?conversion=ads

• https://www.impulse.de/management/selbstmanagement-erfolg/schlechte-work-life-balance/7348380.html?conversion=ads

• https://www.ingenieurkurse.de/unternehmensfuehrung-ingenieure/persoenliche-und-strukturelle-fuehrung/direkte-und-indirekte-fuehrung.html#:~:text=Im%20Gegensatz%20zur%20indirekten%20F%C3%BChrung,Effektivit%C3%A4t%20der%20Kommunikation%20im%20Vordergrund.

• https://karrierebibel.de/charme-charmant/

• https://karrierebibel.de/emotionale-intelligenz/

• https://karrierebibel.de/empathie/

• https://karrierebibel.de/fuehrungskraft/

- https://karrierebibel.de/fuehrungsstile/
- https://karrierebibel.de/zuhoren-lernen/
- http://www.leitl-consulting.de/de/klartext/manipulation-in-der-fuehrung-von-mitarbeitern-zerstoert-die-beziehung__14.php
- https://www.lernen.net/artikel/empathie-mitgefuehl-lernen-depo-1791/
- https://mindfulmind.ch/empathie-mitgefuehl-mitleid-erkenne-den-unterschied-und-handle-mitfuehlend/
- https://www.personal-wissen.de/grundlagen-des-personalmanagements/mitarbeiterfuhrung/fuhrungsstile/
- http://www.ph-ludwigsburg.de/fileadmin/subsites/1c-ppsy-t-01/user_files/Eickhorst/2006_SS/familie_01_einfuehrung.pdf
- https://prescreen.io/de/glossar/konfliktmanagement-im-unternehmen/
- https://psychotherapie-rupp.com/tag/unbewusste-motive/
- https://www.spektrum.de/magazin/was-bewusste-ziele-und-unbewusste-motive-unterscheidet/1641760
- https://www.stepstone.de/Karriere-Bewerbungstipps/mit-diesen-faehigkeiten-haben-sie-das-potenzial-zur-fuehrungskraft/
- https://www.targetter.de/teamarbeit-vorteile-nachteile/
- https://www.teamazing.de/was-ist-motivationspsychologie/
- https://www.teamazing.de/was-sind-teambildende-massnahmen/
- https://towerconsult.de/bewerberblog/2019/01/das-mitarbeitergespraech-sinnlose-zeitverschwendung-oder-sinnvolle-chance/#:~:text=Hier%20z%C3%A4hlen%20neben%20der%20Arbeitsleistung,auch%20f%C3%BCr%20den%20Mitarbeiter%20selbst.
- https://unternehmer.de/management-people-skills/267512-familieunternehmen-erfolgreich-fuehren
- https://www.weka.ch/themen/fuehrung-

kompetenzen/mitarbeiterfuehrung/fuehrungsinstrumente/article/mitarbeiter-beeinflussen-bitten-befehlen-oder-manipulieren/

• https://de.m.wikipedia.org/wiki/Emotionale_Intelligenz#:~:text=Emotionale%20Intelligenz%20ist%20ein%20von,zu%20verstehen%20und%20zu%20beeinflussen.

• https://de.m.wikipedia.org/wiki/Empathie

• https://de.m.wikipedia.org/wiki/F%C3%BChrungsstil

• https://de.m.wikipedia.org/wiki/Motivationspsychologie#:~:text=Die%20Motivationspsychologie%20ist%20eine%20Teildisziplin,(Intensivit%C3%A4t)%20von%20Verhalten%20erforscht.

• https://www.wiwo.de/erfolg/management/unternehmensfuehrung-erfolgreiche-manager-sind-spielertypen/14921338.html

• https://wpgs.de/fachtexte/fuehrung-von-mitarbeitern/fuehrungsinstrumente/

• https://wpgs.de/fachtexte/gruppen-und-teams/teamarbeit-vorteile-nachteile/

• https://www.xing.com/news/klartext/mitarbeitergesprache-sind-wichtig-und-sinnvoll-859

• https://www.zeit.de/karriere/beruf/2012-07/chefsache-transparenz/seite-2

Wir danken Ihnen für Ihr Interesse und Ihr Vertrauen. Als Dankeschön dafür, haben wir eine besondere Überraschung. Sie wollen erfolgreicher durchs Leben gehen und suchen nach einer Möglichkeit, dies zu schaffen? Dann freuen Sie sich über exklusive Tipps, wie Ihnen das gelingen kann. Das Beste: Sie erhalten diese vollkommen kostenlos. Das klingt wunderbar? Dann warten Sie nicht lange und holen Sie sich Ihr Gratis-Geschenk.

Hier geht es zu Ihrem Gratis-Geschenk:

https://forms.gle/iTZWhyc1n45BZMvj8

1. **Öffnen Sie die Kamera-App auf Ihrem Smartphone und richten Sie die Kamera auf den QR-Code.**
2. **Klicken Sie auf den Link, der Ihnen angezeigt wird und schon werden Sie zur Website weitergeleitet.**

Impressum

Herausgeber: Orbita Media Verlag GmbH & Co. KG / Ericusspitze 4 / 20457 Hamburg
Kontakt: kontakt@empireofbooks.de
Website: https://empireofbooks.de
Coverbild: Shutterstock

Haftungsausschluss:
Die Nutzung dieses Buches und die Umsetzung der enthaltenen Informationen, Anleitungen und Strategien erfolgt auf eigenes Risiko. Der Autor kann für etwaige Schäden jeglicher Art aus keinem Rechtsgrund eine Haftung übernehmen. Haftungsansprüche gegen den Autor für Schäden materieller oder ideeller Art, die durch die Nutzung oder Nichtnutzung der Informationen bzw. durch die Nutzung fehlerhafter und/oder unvollständiger Informationen verursacht wurden, sind grundsätzlich ausgeschlossen. Rechts- und Schadenersatzansprüche sind daher ausgeschlossen. Dieses Werk wurde sorgfältig erarbeitet und niedergeschrieben. Der Autor übernimmt jedoch keinerlei Gewähr für die Aktualität, Vollständigkeit und Qualität der Informationen. Druckfehler und Falschinformationen können nicht vollständig ausgeschlossen werden. Es kann keine juristische Verantwortung sowie Haftung in irgendeiner Form für fehlerhafte Angaben vom Autor übernommen werden. Die bereitgestellten Analysen, Vorschläge, Ideen, Meinungen, Kommentare und Texte sind ausschließlich zur Information bestimmt und können ein individuelles Beratungsgespräch nicht ersetzen. Alle Informationen dieses Buches entsprechen dem Kenntnisstand zum Zeitpunkt des Verfassens dieses Buches. Eine Haftung für mittelbare und unmittelbare Folgen aus den Informationen dieses Buches ist somit ausgeschlossen.
Informieren Sie sich weitläufig aus unterschiedlichen Quellen und bedenken Sie, dass am Ende nur Sie für die Entscheidungen verantwortlich sind.

Haftung für externe Links:
Unser Angebot enthält Links zu externen Websites Dritter, auf deren Inhalte wir keinen Einfluss haben. Deshalb können wir für diese fremden Inhalte auch keine Gewähr übernehmen. Für die Inhalte der verlinkten Seiten ist stets der jeweilige Anbieter oder Betreiber der Seiten verantwortlich. Die verlinkten Seiten wurden zum Zeitpunkt der Verlinkung auf mögliche Rechtsverstöße überprüft. Rechtswidrige Inhalte waren zum Zeit-punkt der Verlinkung nicht erkennbar.